标准化方法

胡涵景 孙一中 编著

电子工业出版社·
Publishing House of Electronics Industry
北京·BEIJING

内 容 简 介

　　本书以国际上通用的 ISO/IEC 系列标准为依托，将标准化活动划分为需求分析、策划、实施、检查、改进 5 个阶段，使得标准化活动更加具有针对性和适用性，以便国内的标准化工作者和用户在进行标准化活动时，能选择更适合自身实际情况的方法，与国际接轨，为我国的经济、贸易和社会服务。

　　本书主要内容包括标准化概论，ISO/IEC 导则和 ISO/IEC 指南，标准化文件的结构和起草规则，采用国际标准的依据、原则、相关要求以及标准编写的方法，标准化的原则和方法，标准化需求分析，标准化活动的策划，标准的编写与实施，合格评定与合格评定程序，以及标准化工作的检查、评价与改进。

　　本书适合各个行业和企业的标准化工作者和管理者阅读。

图书在版编目（CIP）数据

标准化方法 / 胡涵景，孙一中编著. —北京：电子工业出版社，2021.1

ISBN 978-7-121-40536-5

Ⅰ. ①标…　Ⅱ. ①胡…　②孙…　Ⅲ. ①标准化－工作－研究－中国　Ⅳ. ①G307.72

中国版本图书馆 CIP 数据核字（2021）第 025930 号

责任编辑：田宏峰

印　　刷：三河市鑫金马印装有限公司

装　　订：三河市鑫金马印装有限公司

出版发行：电子工业出版社

　　　　　北京市海淀区万寿路 173 信箱　邮编：100036

开　　本：787×980　1/16　印张：11.75　字数：263 千字

版　　次：2021 年 1 月第 1 版

印　　次：2024 年 1 月第 2 次印刷

定　　价：80.00 元

凡所购买电子工业出版社图书有缺损问题，请向购买书店调换。若书店售缺，请与本社发行部联系，联系及邮购电话：（010）88254888，88258888。

质量投诉请发邮件至 zlts@phei.com.cn，盗版侵权举报请发邮件至 dbqq@phei.com.cn。

本书咨询联系方式：tianhf@phei.com.cn。

FOREWORD 前言

　　1984 年 3 月 27 日，原国家标准总局发布了《采用国际标准管理办法》，这是我国标准化历史的重要转折点。1993 年 12 月 13 日，原国家技术监督局修订后重新发布了《采用国际标准管理办法》，并将其改名为《采用国际标准和国外先进标准管理办法》，目的是发展社会主义市场经济，减少技术性贸易壁垒，适应国际贸易的需要，提高我国产品质量和技术水平，促进标准化工作的发展，以适应我国即将加入的 WTO。

　　2001 年年底，我国加入了 WTO，至今已经近 20 年了。加入 WTO 的近 20 年，正是我国经济和贸易飞速发展的时期，也是我国经济由计划经济向社会主义市场经济转变的时期。为了全面了解和掌握国际标准化的理论和方法，更好地为我国经济和贸易服务，为社会服务，我们在长期研究国际标准和国外先进标准理论与方法的同时，结合自身标准化工作的实践进行消化总结，以期通过本书将国际先进的标准化理论和方法介绍给广大读者。

　　本书全面解析了发达国家开展标准化活动的理论和方法，最大的特点是以目前国际上通用的 ISO/IEC 系列标准为依托，将标准化活动划分为需求分析、策划、实施、检查、改进 5 个阶段，使得标准化活动更加具有针对性和适用性，以便国内的标准化工作者和用户在进行标准化活动时，能选择更适合自身实际情况的方法，与国际接轨，为我国的经济、贸易和社会服务。

　　由于作者水平有限，书中错误在所难免，敬请广大读者指正。

作　者
2020 年 11 月于北京

CONTENTS 目录

第 1 章
标准化概论

1.1 我国标准化历程

改革开放以来，我国标准化事业的发展非常迅速，其应用范围不断扩大，标准化的水平也在持续提升，国际影响力得到了显著的增强，全社会的标准化意识有了普遍的提高。为了加强管理，我国陆续发布了很多与标准化工作相关的重要法律和法规，这些法律和法规极大地规范了我国的标准化工作。

在改革开放前和改革开放初期，我国的标准化机制和方法受到了苏联计划经济体制，以及"综合标准化方法理论"的影响。在标准化机制上，我国长期采用苏联的机制，没有自己的技术法规，通过使用强制标准来代替技术法规。在标准化方法的理论方面，我国也采用了苏联使用的"综合标准化方法理论"。苏联的标准化机制和方法是为计划经济服务的，这种标准化机制和方法在很多方面是与市场经济相悖的。为了与国际主流的标准接轨，原国家标准总局于 1984 年 3 月 27 日发布了《采用国际标准管理办法》。这是我国标准化历史上的一个重要转折点。

1991 年苏联解体后，原来的加盟共和国，包括俄罗斯在内，都抛弃了苏联计划经济体制和"综合标准化方法理论"。在这种大背景下，我国也开始寻求与国际标准和国外先进标准全面接轨，摆脱旧的标准化方法。原国家质量监督检验检疫总局对 1984 年发布的《采用国际标准管理办法》进行了修订，于 1993 年 12 月 13 日发布了《采用国际标准和国外先进标准管理办法》。这标志着我国标准化工作方向和策略上的重大转变，也为后来我国积极采用国际标准和加入 WTO 奠定了基础。

在《采用国际标准和国外先进标准管理办法》实施 8 年后，由原国家质量监督检验检疫总局修订后于 2001 年 12 月 4 日重新发布，将其名称改为《采用国际标准管理办法》。新的《采用国际标准管理办法》主要是为了发展社会主义市场经济，减少技术性贸易壁垒，适应国际贸易的需要，提高我国产品质量和技术水平，促进标准化工作的发展，以迎合我国即将加入的 WTO。

新的《采用国际标准管理办法》规定：采用国际标准是指将国际标准的内容，经过分析研究和试验验证，等同或修改转化为我国标准，并按我国标准审批发布程序审批发布。国际标准主要是指由国际标准化组织（ISO）、国际电工委员会（IEC）和国际电信联盟（ITU）制定的标准，以及由国际标准化组织确认并公布的其他国际标准化机构制定的标准。

在采用国际标准的原则方面，新的《采用国际标准管理办法》规定：

● 采用国际标准，应当符合我国有关法律、法规，遵循国际惯例，做到技术先进、经济合理、安全可靠。制定我国标准应当以相应国际标准为基础。
● 对于国际标准中通用的基础性标准、试验方法标准应当优先采用。
● 在采用国际标准中的安全标准、卫生标准、环保标准来制定我国标准时，应当以保障国家安全、防止欺骗、保护人体健康和人身财产安全、保护动植物的生命和健康、保护环境为正当目标；除非这些国际标准由于基本气候、地理因素或者基本的技术问题等原因而对我国无效或者不适用。
● 应当尽可能等同采用国际标准。
● 由于基本气候、地理因素或者基本的技术问题等原因对国际标准进行修改时，应当将与国际标准的差异控制在合理的、必要的，并且在最小的范围之内。
● 我国的某个标准应当尽可能采用一个国际标准；当我国的某个标准必须采用多个国际标准时，应当说明该标准与所采用的国际标准的对应关系。
● 在采用国际标准制定我国标准时，应当尽可能与相应国际标准的制定保持同步，并可以采用标准制定的快速程序。
● 采用国际标准，应当同我国的技术引进、企业的技术改造、新产品开发、老产品改进相结合。
● 在采用国际标准来制定我国的标准时，标准的制定、审批、编号、发布、出版、组织实施和监督，应当同我国其他标准一样，按我国有关法律、法规和规章规定执行。
● 企业为了提高产品质量和技术水平，提高产品在国际市场上的竞争力，对于贸易需要的产品标准，如果没有相应的国际标准或者国际标准不适用时，可以采用国外先进标准。

　　新的《采用国际标准管理办法》规定：在标准的制定修订程序上应与 ISO/IEC 标准的制定、修订程序一致。在标准的编写方法上按《标准化工作导则　第 1 部分：标准的结构和编写规则》（GB/T 1.1—2000）的规定起草和编写我国标准。而 GB/T 1.1—2000 参考了《ISO/IEC 导则　第 2 部分：国际标准的结构和起草规则》。

　　在等同采用 ISO、IEC 以外的其他组织的国际标准时，我国标准的文本结构应当与被采用的国际标准一致。等同采用，指与国际标准在技术内容和文本结构上相同，或者与国际标准在技术内容上相同，只存在少量编辑性修改。修改采用，指与国际标准之间存在技术性差异，并清楚地标明这些差异，以及解释其产生的原因，允许包含编辑性修改。修改采用不包括只保留国际标准中少量或者不重要的条款的情况。修改采用时，我国标准与国际标准在文本结构上应当对应，只有在不影响与国际标准的内容和文本结构进行比较的情况下才允许改变文本结构。

　　我国加入 WTO 已经近 20 年了，加入 WTO 的近 20 年是我国经济和贸易飞速发展的时期，也是我国经济由计划经济向社会主义市场经济转变的时期。《采用国际标准管理办法》实施的 36 年，是我国标准化应用大发展的 36 年。据统计，在这 36 年中，我国国家标准中采用国际标准的比例接近 70%。《采用国际标准管理办法》始终伴随着我国经济和贸易的发展，起到了非常积极的作用。

　　为了全面了解和掌握国际标准化的理论及方法，更好地为我国的经济和贸易服务，为社会服务，我们对长期研究国际标准和国外先进标准的成果进行总结，将国际标准和国外先进标准化的理论及方法引进来，以便更好地为我国的经济、社会和贸易服务。

1.2　标准化基础知识

1.2.1　基本概念

1.2.1.1　标准

　　国际标准化组织（ISO）将标准定义为：为了在一定范围内获得最佳秩序，经协商一致制定并由公认机构批准的，为各种活动或其结果提供规则、指南或特征的，共同并重复使用的文件。在 ISO 给出的标准定义中，由于缺乏标准的示例，因此该定义还不够完整，应当在后面加上标准的示例才能使该定义更完整。

　　标准通常是以科学、技术以及实践经验的综合成果为基础，以获得最佳的效益为目的。

1.2.1.2 标准化

标准化是指在经济、技术、科学和管理等社会实践中，对重复性的事物和概念，通过制定、发布和实施标准来获得最佳秩序和社会效益。标准化通常指一项活动或多项活动的综合，例如，标准的制定、实施、监督实施、反馈和修订等任何一项或多项活动的综合就是标准化。

一般来讲，针对具体的标准化对象，标准化的目的通常有适用性、相互理解、接口、互换性、兼容性、品种控制、安全性、环保性等。以产品标准为例，标准化的目的可分为两大类：保证能够正常、方便地使用产品；保证产品及其生产过程不对人与环境等造成损害。

在国民经济的各个领域中，凡需要多次重复使用和需要制定标准的具体产品，以及相关的各种定额、规划、要求、方法、概念等，都可成为标准化对象。标准化对象主要分为标准化的具体对象和标准化的总体对象两大类。

标准化的方法可以归纳为六大类，即简化、统一化、模块化、组合化、系列化和通用化。

通常，标准化主要围绕四个方面进行，即标准的制定、标准的实施、标准的监督实施（检查），以及标准的改进（修订）。

1.2.1.3 国务院标准化行政主管部门

国务院标准化行政主管部门是国家标准化管理委员会，负责统一管理全国标准化工作，它是国家市场监督管理总局下属的事业单位。

1.2.1.4 国务院有关行政主管部门

国务院的有关行政主管部门负责管理本部门、本行业的标准化工作，如农业农村部、国家卫生健康委员会、工业和信息化部等。

1.2.1.5 全国专业标准化技术委员会

全国专业标准化技术委员会是从事全国性标准化工作的技术工作组织，负责本专业技术领域的标准化技术归口工作，所负责的专业技术领域由国务院标准化行政主管部门会同有关行政主管部门确定，如 TC176 等。

1.2.1.6 技术归口单位

技术归口单位指按国家赋予该部门的权利和承担的责任，技术归口单位各司其职，按特定的管理渠道对标准进行管理。

1.2.2　标准化组织

1.2.2.1　国外的标准化组织

1）国际标准化组织（ISO）

国际标准化组织（ISO）是一个全球性的非政府组织，是国际标准化领域中一个十分重要的组织。ISO 成立于 1946 年，其成员是来自世界上 100 多个国家的国家标准化团体。我国是 ISO 的正式成员。ISO 的宗旨是在全世界范围内促进标准化工作的开展，以便国际物资交流和服务，并扩大在知识、科学、技术和经济方面的合作。ISO 的主要活动是制定国际标准，协调世界范围的标准化工作，组织各成员国和技术委员会进行情报交流，与其他国际标准化机构进行合作，共同研究有关标准化问题。ISO 制定的标准内容非常广泛，从基础的紧固件、轴承各种原材料到半成品和成品，其技术领域涉及信息技术、交通运输、农业、健康和环境等。ISO 中的每个工作机构都有自己的工作计划，这些工作计划列出了需要制定的标准项目，如试验方法、术语、规格、性能要求等。

ISO 的主要功能是为人们制定国际标准达成一致意见提供一种机制，其主要机构及运作规则在 ISO/IEC 导则中予以规定，其技术机构是多个技术委员会（TC）和分技术委员会（SC），TC 和 SC 各有一个主席和一个秘书处，秘书处通常由各成员国担任，各秘书处与位于日内瓦的 ISO 中央秘书处保持直接联系。

ISO 已经通过这些机构发布了 2 万多项国际标准，如 ISO 公制螺纹、ISO 的 A4 纸张尺寸、ISO 的集装箱系列（世界上 95%的海运集装箱都符合 ISO 标准）、ISO 的胶片速度代码、ISO 的开放系统互联（OSI）系列（广泛用于信息技术领域）等标准，以及著名的 ISO9000 质量管理系列。

此外，ISO 还与 400 多个国际和区域组织在标准方面保持着联络，特别是与国际电工委员会（IEC）和国际电信联盟（ITU）保持着密切的联系。除了 ISO、IEC，其他国际和区域组织通常制定某一领域的国际标准，如世界卫生组织（WHO）。大约 85%的国际标准是由 ISO、IEC 制定的，剩下 15%的国际标准是由这些国际和区域组织制定的。

ISO、IEC 有两个最重要的文件，一个是 ISO/IEC 导则，另一个是 ISO/IEC 指南。ISO/IEC 导则规定了 ISO 的主要机构及运作规则；ISO/IEC 指南是 ISO 发布的最重要的技术方法性文件和指导性文件，到目前为止 ISO 已经发布了 100 多个 ISO/IEC 指南，为各种技术标准的编写提供了技术指导。本书将在第 2 章介绍 ISO/IEC 导则和 ISO/IEC 指南。

2）国际电工委员会（IEC）

国际电工委员会（IEC）成立于 1906 年，它是世界上最早成立的国际性电工标准化机构，负责电气工程和电子工程领域中的标准化工作。IEC 于 1947 年作为一个电工部门并入了 ISO，又于 1976 年从 ISO 中分离出来。IEC 的宗旨是促进电工、电子相关技术领域的标准化工作及国际合作；其目标是有效满足全球市场的需求，保证在全球范围内优先并在最大程度上使用其标准和合格评定程序，评定并提高其标准所涉及的产品质量和服务质量，为共同使用复杂系统创造条件，提高工业化进程的有效性，提高人类健康和安全，保护环境。

ISO 和 IEC 的联系非常紧密，在很多方面展开了密切合作，共同发布了很多国际标准，它们共同拥有 ISO 最为核心的文件——ISO/IEC 导则。其中，《ISO/IEC 导则　第 2 部分：国际标准的结构和起草规则》为我国的国家标准 GB/T 1.1 提供了理论依据。

3）ISO 确认并公布的其他国际标准化机构

原国家质检总局印发的《关于推进采用国际标准的若干意见》中所指的国际标准，不仅包括 ISO 和 IEC 制定的国际标准，还包括 ISO 认可的国际标准化机构制定的标准，以及发达国家的先进标准。ISO 认可的国际标准化机构制定的标准具有很大的国际影响力，在采用国际标准时应该采用这些国际标准化机构制定的标准。

ISO 确认并公布的国际标准化机构主要包括国际计量局（BIPM）、国际人造纤维标准化局（BISFN）、食品法典委员会（CAC）、时空系统咨询委员会（CCSDS）、国际建筑研究实验与文献委员会（CIB）、国际照明委员会（CIE）、国际内燃机会议（CIMAC）、国际牙科联合会（FDI）、国际信息与文献联合会（FID）、国际原子能机构（IAEA）、国际航空运输协会（IATA）、国际民航组织（ICAO）、国际谷类加工食品科学技术协会（ICC）、国际排灌研究委员会（ICID）、国际辐射防护委员会（ICRP）、国际辐射单位和测试委员会（ICRU）、国际制酪业联合会（IDF）、互联网工程特别工作组（IETF）、国际图书馆协会与学会联合会（IFTA）、国际有机农业运动联合会（IFOAM）、国际煤气工业联合会（IGU）、国际制冷学会（IIR）、国际劳工组织（ILO）、国际海底组织（IMO）、国际种子检验协会（ISTA）、国际电信联盟（ITU）、国际理论与应用化学联合会（IUPAC）、国际毛纺组织（IWTO）、国际动物流行病学局（OIE）、国际法制计量组织（OIML）、国际葡萄与葡萄酒局（OIV）、材料与结构研究实验所国际联合会（RILEM）、贸易信息交流促进委员会（TraFIX）、国际铁路联盟（UIC）、经营交易和运输程序和实施促进中心（UN/CEFACT）、联合国教科文组织（UNESCO）、联合国贸易便利化与电子业务委员会（UN/CEFAT）、世界海关组织（WCO）、国际卫生组织（WHO）、世界知识产权组织（WIPO），以及世界气象组织（WMO）等。

1.2.2.2 我国的标准化组织

国家标准化管理委员会是国务院授权履行行政管理职能、统一管理全国标准化工作的主管机构，隶属于国家市场监督管理总局，其主要职责包括：

（1）参与起草、修订国家标准化法律、法规的工作；拟定和贯彻执行国家标准化工作的方针、政策；拟定全国标准化管理规章和相关制度；组织实施标准化法律、法规和规章、制度。

（2）负责制定国家标准化事业发展规划；负责组织、协调和编制国家标准（含国家标准样品）的制定、修订计划。

（3）负责组织国家标准的制定、修订工作，负责国家标准的统一审查、批准、编号和发布。

（4）统一管理制定、修订国家标准的经费和标准研究、标准化专项经费。

（5）管理和指导标准化工作及相关的宣传、教育、培训工作。

（6）负责协调和管理全国标准化技术委员会的有关工作。

（7）协调和指导行业、地方的标准化工作，负责行业标准和地方标准的备案工作。

（8）代表国家参加国际标准化组织（ISO）、国际电工委员会（IEC）和其他国际或区域性标准化组织，负责 ISO 中国国家成员体和 IEC 中国国家委员会日常工作，以及与 ISO 和 IEC 中央秘书处的联络；负责管理国内各部门、各地区参与国际或区域性标准化组织活动的工作；负责签署并执行标准化国际合作协议，审批和组织实施标准化国际合作与交流项目；负责参与标准化业务相关的国际活动的审核工作。

截至目前，我国已经组建的全国标准化的专业技术委员会和分技术委员会多达 1321 个，有近 5 万名专家，承担了 89 个国际标准化组织的秘书处，主导制定了 583 项国际标准，在国际标准化组织注册的中国专家近 5000 名。

概括起来，我国标准化工作实现了三个历史性的转变：

（1）在我国《中华人民共和国标准化法》和原国家质量监督检验检疫总局发布实施的《采用国际标准管理办法》中鼓励积极采用国际标准。

（2）国家标准化管理委员会在国内标准化机构的工作程序上采用了《ISO/IEC 导则 第 1 部分 技术工作程序》，尤其是在国内的各个标准化技术委员会（TC）和分技术委员会（SC）的设立及工作程序等方面。

（3）在标准的编写上采用《ISO/IEC 导则 第 2 部分：国际标准的结构和起草规则》，在技术标准的起草上采用了 ISO 发布的 100 多个 ISO/IEC 指南，同时结合我国的实际情况进行编写。

1.2.3 标准化相关法律法规

1.2.3.1 我国的相关法律法规

新中国建立 70 多年来，我国的标准化法治体系不断健全，标准化管理体制和运行机制也更加顺畅，标准化的人才队伍建设不断壮大，全社会的标准化意识在不断提升。尤其是在改革开放以来，我国不断完善与标准化相关的法律法规，使我国的标准化事业依法有序地开展。目前已经颁布的与标准化相关的法律法规主要有《中华人民共和国标准化法》《中华人民共和国标准化法条文解释》《国家标准管理办法》《行业标准管理办法》《地方标准管理办法》《团体标准管理规定》《企业标准化管理办法》《采用国际标准管理办法》《标准出版管理办法》《国家标准制修订工作程序》《标准档案管理办法》等。

1.2.3.2 技术法规

技术法规指规定强制执行的产品特性或其相关工艺和生产方法（包括适用的管理规定）的文件，以及规定适用于产品、工艺或生产方法的专门术语、符号、包装、标志或标签要求的文件。这些文件以国家法律、法规的形式出现。

技术法规主要在发达国家和法律体系健全的国家的法律体系中出现，它是技术性贸易壁垒（TBT）协议中最重要的文件。

目前我国还没有技术法规，但在《中华人民共和国标准化法》中规定，在保障人身健康、生命财产安全、国家安全、生态环境安全等方面应制定强制性标准并由国务院批准发布或者授权批准发布。这些标准具有技术法规的效力。

1.2.4 标准的分级

1.2.4.1 国外的标准分级

国外的标准通常分为 3 级，即国家标准（如 ANSI 标准、DIN 标准、BSI 标准、JIS 标准等），协会标准（如美国电气工程师协会标准、美国汽车协会标准），以及企业标准（如 IBM 公司的标准、BENZI 公司的标准）。

国外水平最高的标准是企业标准，其次是协会标准，而国家标准的水平往往相对比较低。

1.2.4.2　我国的标准分级

我国的标准分为 5 个等级级，即国家标准、行业标准、地方标准、团体标准、企业标准。

截至 2019 年 9 月 11 日，我国共有国家标准 36877 项，备案的行业标准 62262 项，备案地方标准 37818 项，团体标准 9790 项，企业自我声明公开的标准有 114 万项。

1.2.5　标准的约束力

1.2.5.1　国际标准的约束力

ISO、IEC、ITU 等制定的国际标准都是自愿性标准或推荐性标准，用户是否采用视自身情况决定。推荐性标准又称自愿性标准，它是指在生产、交换、使用等方面，通过经济手段或市场调节而自愿采用的一类标准。

应当指出的是，推荐性标准一经接受并采用，或各方商定同意纳入经济合同中，就成为各方必须共同遵守的技术依据，具有法律上的约束性。

ISO 认可的国际标准化机构制定的标准通常是必备型标准，一旦各成员国签署协议就有义务去遵守和执行这些标准。

西方国家在涉及人身安全、医药卫生等方面的标准通常采用立法形式，即技术法规。技术法规是法律性文件，各企业或组织必须遵守，否则将会受到法律的制裁。

1.2.5.2　我国标准的约束力

我国在《中华人民共和国标准化法》中将国家标准分为强制性标准和推荐性标准。以下几个方面的国家标准属于强制性标准：

（1）涉及药品、食品卫生、兽药、农药和劳动卫生等方面的国家标准。

（2）在产品生产、贮运和使用过程中涉及安全和劳动安全等方面的国家标准。

（3）涉及工程建设的质量、安全、卫生等方面的国家标准。

（4）涉及环境保护和环境质量等方面的国家标准。

（5）涉及国计民生重要产品标准等方面的国家标准。

强制性标准是最低门槛，是一条红线，任何团体和企业都不能踩踏这条红线。我国强制性标准通常与《中华人民共和国工业产品生产许可证管理条例》联合使用。涉及该条例的产品有 6 大类、62 小类，共 4000 多种，凡是涉及该条例的产品的生产企业不仅要遵守国家的强制性标准，还需遵守该条例的相关规定和要求。

在过去，我国的行业标准和地方标准也分强制性标准和推荐性标准，但在《中华人民共和国标准化法》中废除了行业标准和地方标准中的强制性标准。目前，行业标准和地方标准一律都是推荐性标准；团体标准和企业标准也都是推荐性标准。

1.2.6 标准的分类

1.2.6.1 国际标准按业务属性的分类

按照标准业务属性的不同，可将 ISO、IEC、ITU 制定的标准，以及西方发达国家的先进标准分为技术标准和管理标准两大类。

针对需要协调统一的技术事项而制定的标准称为技术标准，技术标准包括技术基础标准、产品标准、生产工艺标准、检测试验标准，以及安全、卫生、环保标准等。

针对需要协调统一的管理事项而制定的标准称为管理标准，制定管理标准的目的是合理地组织、利用和发展生产力，正确处理生产、交换、分配和消费中的相互关系，以及科学地行使计划、监督、指挥、调整、控制等行政与管理机构的职能。

在 ISO 制定的标准中，不属于管理标准的都属于技术标准。

1.2.6.2 我国标准按业务属性的分类

按照标准业务属性的不同，可将我国制定的标准分为技术标准、管理标准和工作标准。该分类方法沿用了计划经济体制的"综合标准化方法理论"，由于在实践中有时很难区分管理标准和工作标准，因此这种分类方法带来了一定的混乱。考虑到我国在 1988 年 12 月 29 日通过的《中华人民共和国标准化法》中采用了这种分类方法，而且在我国的标准体系编制以及标准的起草上一直沿用了这种分类方法，目前依然采用这种分类方法。

1.2.6.3 按标准化对象分类

按照标准化对象的不同，可以将标准分为产品标准、过程标准和服务标准。目前国内外均采用了这种主流的分类方法。

1.2.6.4　按照标准的内容功能分类

按照标准内容、功能的不同，可以将标准分为术语、符号、分类、试验方法、规范、规程、指南、产品、过程、服务等类型。在实际应用中，这种分类方法得到了普遍的应用，ISO、IEC 等国际标准化组织的技术委员会或分技术委员会在开展标准化活动时，通常都采用这种分类方法。我国在开展标准化活动时与 ISO、IEC 等国际标准化组织是一致的，也采用了这种分类方法。

1.2.7　我国各级标准的发布机构与标准的代号

1.2.7.1　我国各级标准的发布机构

我国各级标准的发布机构如下：

（1）我国的国家标准由国家市场监督管理总局和国家标准化管理委员会联合发布。

（2）行业标准由国务院各部委发布。

（3）地方标准由地方标准化行政主管部门发布。

（4）团体标准和企业标准由各团体和企业自我声明和发布。

1.2.7.2　我国各级标准的代号

我国各级标准的代号如下：

（1）国家标准的代号：GB 表示强制性标准；GB/T 表示推荐性标准；GB/Z 表示国家标准化指导性技术文件。

（2）行业标准的代号：各行业的汉语拼音首字母缩写加上"/T"表示该行业的推荐性标准，如农业标准的代号为"NY/T"。

（3）地方标准的代号：地方标准的代号由汉语拼音字母"DB"，省、自治区、直辖市行政区划代码的前 2 位数字，以及"/T"组成，如山西省地方标准的代号为"DB14/T"。

（4）团体标准的代号：团体标准的代号由"T"和"/XX"（XX 表示社会团体代号）组成，如"T/XX"。

（5）企业标准的代号：企业标准的代号由"Q"和"/XXX"（XXX 表示企业代号）

组成，如"Q/XXX"。

1.2.8　标准的制定程序

1.2.8.1　国际标准的制定程序

ISO/IEC 导则规定了 ISO、IEC 标准的制定程序。ISO、IEC 标准的制定主要分为以下 7 个阶段：

（1）预备阶段（PWI）：预备工作项目。

（2）提案阶段（NP）：新工作项目阶段。

（3）准备阶段（WD）：工作草案。

（4）技术委员会阶段（CD）：TC 或 SC 讨论阶段。

（5）征求意见阶段（DIS）：征求意见草案。

（6）批准阶段（FDIS）：最终的国际标准草案。

（7）出版阶段（ISO、IEC）：国际标准。

ISO 认可的国际标准化机构在制定标准时也有各自的制定程序，它们的制定程序和 ISO、IEC 标准的制定程序大体一致，具体由各国际标准化机构根据实际情况而定。

1.2.8.2　我国标准的制定程序

在《国家标准管理办法》中将我国标准的制定程序分为以下 7 个阶段：

（1）制订起草标准或修订标准的计划。

（2）组织标准工作组调查、研究和编制工作方案。

（3）提出标准草案征求意见稿。

（4）征求意见，提出标准草案送审稿。

（5）对送审稿进行审查，提出标准草案的报批稿。

（6）主管部门审批、发布。

（7）正式出版发布。

我国的行业标准、地方标准、团体标准和企业标准的制定程序分别在《行业标准管理办法》《地方标准管理办法》《团体标准管理办法（试行）》《企业标准化管理办法》中规定，与国家标准的制定程序区别不大。

1.2.9 标准化文件的形式

1.2.9.1 ISO 标准化文件的形式

ISO 标准化文件有以下 5 种形式：

（1）IS：国际标准，指正式的国际标准。

（2）TS：技术规范，在技术委员会内部达成一致。

（3）PAS：公用规范，在工作组内达成一致，同一技术内容可以有多个文件。

（4）TR：技术报告，包括与标准不同类型的信息。

（5）ITA：工业技术协议，通过公开研讨会，在特定成员团体支持下制定的标准文件。

由于 ISO 认可的国际标准化机构的标准化文件形式多样，在此就不列举了。

1.2.9.2 我国国家标准化文件的形式

我国的国家标准化文件的形式主要有以下 3 种：

（1）国家强制性标准（GB）。

（2）国家推荐性标准（GB/T）。

（3）国家标准化指导性技术文件（GB/Z）。

注意：指导性技术文件是指在生产、交换、使用等方面，由组织或企业自愿采用的国家标准。

1.2.10 标准涉及的专利

ISO、IEC 在其标准涉及专利问题上有统一的策略和相应的规定，对国际标准所涉及的专利信息披露、专利信息许可，以及专利特殊规定做了专门的规定。

我国在标准涉及专利问题上的处理策略与 ISO、IEC 基本一致。在 2014 年起执行的《国家标准涉及专利的管理规定（暂行）》和《标准制定的特殊程序　第 1 部分：涉及专利的标准》（GB/T 20003.1—2014）中对于专利信息披露、专利信息许可，以及专利特殊规定做了专门的规定。国际标准的起草者在起草国际标准时应及时了解 ISO、IEC 的相关政策和规定；我国各级、各类标准的起草者在起草标准时应了解我国的相关法规和标准，做好涉及专利问题的处置工作。

1.2.11　标准体系

标准体系理论和实践都源于苏联的"综合标准化方法理论"。ISO、IEC，以及其他国际标准化机构都没有关于标准体系的理论和实际操作。除了中国，其他国家和地区都没有进行标准体系的理论研究和实际操作。

建立标准体系的目的是为计划经济服务。由于我国的标准体系的理论继承了苏联的"综合标准化方法理论"，我国的经济体制也从传统的计划经济体制转向社会主义市场经济体制，尽管最近 20 多年一直在向 ISO、IEC 和国外的先进标准看齐，但在很多方面仍然带有"综合标准化方法理论"的色彩，其中就包括标准体系的理论，因此，我国建立的标准体系是非常具有中国特色的。

1.2.12　技术性贸易壁垒（TBT）协议

在国际贸易中，由于各国实施的技术法规和标准各不相同，差异较大，给生产者和进出口商带来很多困难，甚至形成了障碍。在这种情况下，WTO 各成员国共同制定了技术性贸易壁垒（TBT）协议，以约束大家的贸易行为，进入国际市场需要遵循 TBT 协议。TBT 协议由技术法规、技术标准和合格评定程序三个要素构成。

TBT 协议的附件 1 对技术法规的定义为：规定强制执行的产品特性或其相关工艺和生产方法，包括适用的管理规定在内的文件。该文件还可包括专门关于适用于产品、工艺或生产方法的术语、符号、包装、标志或标签要求。

TBT 协议的附件 1 对技术标准的定义采用了 ISO 的定义，即：为了在一定范围内获得最佳秩序，经协商一致制定并由公认机构批准的，为各种活动或其结果提供规则、指南或特征的，共同并重复使用的文件。

TBT 协议中的合格评定程序源于 ISO、IEC 的符合性评定，但两者是有区别的。在 TBT 协议中，合格评定程序与服务无关，因为 TBT 协议是货物贸易的协议，而符合性评定涵盖产品、过程和服务。TBT 协议的合格评定程序不仅要评定与标准的符合性，更重要的是要评定与技术法规的符合性。

各国在技术法规和技术标准上的差异越小，对于合格评定的争议就越小，TBT 也就越小。ISO 标准，以及其他国际标准化机构的标准为缩小差异提供了解决方案，因此我们面临的问题是技术法规之间的差异，只有缩小其中的差异才能消除 TBT。

我国的标准化管理体系是从计划经济继承而来的，具有中国特色，与西方各国的标准化管理体系的差别很大，其中最大的差别是我国的标准化管理体系缺少技术法规部分。西方国家在涉及人身安全、健康、医药、卫生和环境等方面采用技术法规的形式，我国在这方面是以强制性标准的形式出现的，这就降低了其执行力度和约束力。我国的强制标准不仅在形式上与西方国家的技术法规差别很大，而且在具体技术指标上的差距也非常大。这些差别给我国的对外贸易带来了壁垒，阻碍了我国的国际贸易。

对于进口企业，在承接国际订单或签订国际贸易合同时一定要了解 TBT 协议，了解出口国的相关技术法规，以避免不必要的损失。

1.3　有关标准化工作的依据

1.3.1　标准化法律、法规及相关规范性文件

我国标准化法律、法规及相关规范性文件除了在 1.2.3.1 节中提到的法律、法规，还包括《关于加强强制性标准管理的若干规定》《全国专业标准化技术委员会管理规定》《标准化事业发展"十二五"规划》《质量发展纲要》等。

1.3.2　本行业相关的法律、法规及规范性文件

本行业相关的法律、法规及规范性文件指的是由本行业发布的法律、法规及规范性文件，如《食品安全法》《饲料和饲料添加剂管理条例》《兽药管理条例》《饲料工业"十二五"发展规划》等。

1.3.3　标准化工作导则及基础性、方法性的国家标准

为了指导我国标准化工作的开展，我国标准化相关部门积极采用国际标准并结合我国的标准化实际情况制定了一系列基础性、方法性的国家标准。这些国家标准主要参考

了 ISO/IEC 指南。下面是目前已经发布的基础性、方法性的国家标准：

- 标准化工作导则　第 1 部分：标准化文件的结构和起草规则（GB/T 1.1—2020）；
- 标准化工作导则　第 2 部分：以 ISO/IEC 标准化文件为基础的标准化文件起草规则（GB/T 1.2—2020）；
- 标准化工作指南　第 1 部分：标准化和相关活动的通用术语（GB/T 20000.1—2014）；
- 标准化工作指南　第 2 部分：采用国际标准（GB/T 20000.2—2009）；
- 标准化工作指南　第 3 部分：引用文件（GB/T 20000.3—2014）；
- 标准化工作指南　第 4 部分：标准中涉及安全的内容（GB/T 20000.4—2003）；
- 标准化工作指南　第 5 部分：产品标准中涉及环境的内容（GB/T 20000.5—2004）；
- 标准化工作指南　第 6 部分：标准化良好行为规范（GB/T 20000.6—2006）；
- 标准化工作指南　第 7 部分：管理体系标准的论证和制定（GB/T 20000.7—2006）；
- 标准编写规则　第 1 部分：术语（GB/T 20001.1—2001）；
- 标准编写规则　第 2 部分：符号标准（GB/T 20001.2—2015）；
- 标准编写规则　第 3 部分：分类标准（GB/T 20001.3—2015）；
- 标准编写规则　第 4 部分：试验方法标准（GB/T 20001.4—2015）；
- 标准编写规则　第 5 部分：规范标准（GB/T 20001.5—2017）；
- 标准编写规则　第 6 部分：规程标准（GB/T 20001.6—2017）；
- 标准编写规则　第 7 部分：指南标准（GB/T 20001.7—2017）；
- 标准编写规则　第 10 部分：产品标准（GB/T 20001.10—2014）；
- 标准中特定内容的起草　第 1 部分：儿童安全（GB/T 20002.1—2008）；
- 标准中特定内容的起草　第 2 部分：老年人和残疾人的需求（GB/T 20002.2—2008）；
- 标准中特定内容的起草　第 3 部分：产品标准中涉及环境的内容（GB/T 20002.3—2014）；
- 标准中特定内容的起草　第 4 部分：标准中涉及安全的内容（GB/T 20002.4—2015）；
- 标准制定的特殊程序　第 1 部分：涉及专利的标准（GB/T 20003.1—2014）；
- 团体标准化　第 1 部分：良好行为指南（GB/T 20004.1—2016）；
- 团体标准化　第 2 部分：良好行为评价指南（GB/T 20004.2—2018）。

第2章
ISO/IEC 导则和 ISO/IEC 指南

2.1 ISO/IEC 导则

2.1.1 ISO/IEC 导则的构成

自从 1984 年开始实施《采用国际标准管理办法》以来，我国采用的国际标准数量几乎达到了总标准数量的 70%，为我国国民经济和社会的快速发展起到了非常重要的作用。

在全面采用国际标准的过程中，我们不仅要充分学习、研究和借鉴国际上先进的标准化工作机制和管理机制，还要学习、借鉴国际上标准化的原理与方法，特别是 ISO/IEC 导则。ISO/IEC 导则是 ISO 和 IEC 的精髓，ISO 和 IEC 的主要机构及运作规则都在 ISO/IEC 导则中进行了规定，只有充分研究 ISO/IEC 导则，才有可能学习和借鉴其中先进的管理机制和理念，并且在标准化的原理和方法方面与国际接轨。

正如第 1 章提到的，ISO 和 IEC 有两个最重要的文件，一个是 ISO/IEC 导则，另一个是 ISO/IEC 指南。ISO/IEC 指南是 ISO 发布的最重要的技术方法性文件和指导性文件，到目前为止 ISO 已经发布了 100 多个 ISO/IEC 指南，为各种技术标准的编写提供了技术指导。

最新版本的 ISO/IEC 导则由以下 9 个部分组成：

（1）ISO/IEC 导则 第 1 部分：技术工作程序。

（2）ISO/IEC 导则 第 2 部分：国际标准的结构和起草规则。

（3）ISO/IEC 导则　补充部分：ISO 专用程序。

（4）ISO/IEC 导则　补充部分：IEC 专用程序。

（5）ISO/IEC JTC1 技术工作程序。

（6）ISO 章程和议事规则。

（7）IEC 章程和议事规则。

（8）ISO 和 IEC 保护标准版权政策文件。

（9）ISO/ IEC 标准化良好行为规范。

2.1.2　ISO 和 IEC 的组织机构及职责

2.1.2.1　ISO 的组织机构及职责

ISO 是世界上最大的国际标准化组织，是一个独立的、非政府性的国际组织。ISO 不属于联合国，但它是联合国经济和社会理事会的综合性咨询机构，是 WTO TBT 委员会的观察员，与联合国的许多组织和专业机构保持着密切的联系。ISO 的主要组织机构及职责如下所述：

（1）全体大会（GA）。全体大会是 ISO 的最高权力机构，属于非常设机构，通常在每年 9 月召开一次全体大会,全体大会的主要议程包括年度报告中有关项目的行动情况、ISO 的战略计划，以及财政情况等。

（2）理事会。理事会是 ISO 全体大会闭会期间的常设管理机构。ISO 大会主席、副主席、司库、秘书长根据议事规则将 6 个对本组织贡献最大的成员团体指定为理事会的常任成员，全体大会选出 14 个成员团体，理事会是由这 20 个成员团体组成的。

理事会的主要职责是任命司库、秘书长、政策制定委员会的主席，选举技术管理局（TMB）的成员并确定其职权范围，审查 ISO 中央秘书处的财务预算。

（3）政策制定委员会。ISO 设有 4 个政策制定委员会，分别是合格评定委员会（CASCO）、消费者政策委员会（COPOLCO）、发展中国家事务委员会（DEVCO）、信息与服务委员会（INFCO）。ISO 只参加政策和标准的制定，不参加具体的评定和审核工作。

（4）理事会的常设委员会。理事会的常设委员会有财务委员会（CSC/FIN）和战略委员会（CSC/STRAT）。

财务委员会的主要职责是根据 ISO 的章程和议事规则，以及司库提出的建议，随时了解中央秘书处在管理方面的问题，对中央秘书处提供的服务进行评定，向秘书长和理事会提出建议，向理事会汇报财务工作。

战略委员会的主要职责是向理事会提出建议，修改理事会的战略文件，每年至少向理事会提交 1 次工作报告。

（5）特别咨询组。为了推动 ISO 实现其战略目标，经理事会的同意，ISO 主席可以建立特别咨询组。特别咨询组由对国际标准化非常感兴趣的其他组织的执行官组成，其成员是以个人身份而不是以成员团体代表的身份参加特别咨询组的。特别咨询组可以向理事会提出建议并由理事会采取相应的措施。

（6）技术管理局（TMB）。TMB 是 ISO 技术工作的最高管理和协调机构，通常由 1 名主席和全体大会任命或选出的 14 个成员团体组成。技术管理局通常每年会召开 3 次会议，一般安排在每年的 2 月、6 月和 9 月。

（7）标准样品委员会（REMCO）。标准样品委员会的主要职责是确定标准样品（简称标样）的定义等级和分类，编制标准样品的目录供 ISO 使用，确立标准样品的形式结构，制定在 ISO 文件中使用的标准样品来源选择准则，包括在法制方面为 ISO 技术委员会制定在 ISO 文件中引用标准样品的准则，在必要时还可为 ISO 提供在标准样品方面采取的行动建议，在职责范围内处理与其他国际标准化机构之间有关标准样品方面的事务，并向技术管理局提供采取的行动建议。

（8）技术咨询组（TAG）。TAG 的秘书处设置在中央秘书处，其日常工作由 ISO 中央秘书处承担。TAG 在完成其任务后会即行解散，新建立的 TAG 不会使用原 TAG 的编号。目前的技术咨询组有卫生保健技术组（TAG1）、计量组（TAG4）和建筑组（TAG8）。

（9）技术委员会（TC）。TC 是承担 ISO 标准制定和修订工作的技术机构，所有技术委员会都是由技术管理局建立、管理并监督其工作的。截至 2020 年底，ISO 共有 246 个技术委员会、500 多个分技术委员会、2500 多个工作组和 80 多个特别研究组。

（10）中央秘书处（ISO/CS）。中央秘书处设在日内瓦，负责 ISO 日常行政事务，承担全体大会、理事会、政策制定委员会、技术管理局、标准样品委员会的秘书处工作。

2.1.2.2　IEC 的组织机构及职责

国际电工委员会（IEC）是制定和发布国际电工电子标准的非政府性国际机构，1906 年正式建立于英国伦敦。1947 年 IEC 作为电工部门并入 ISO，又于 1976 年从 ISO 中分离出来。IEC 是联合国经济和社会理事会的专业性咨询机构，是 WTO 技术性贸易壁垒

（TBT）委员会的观察员。

IEC 与 ISO 的最大的区别是它们的工作模式不同。ISO 的工作模式是分散型的，技术工作主要由技术委员会秘书处承担，ISO 中央秘书处负责协商，只有到了国际标准草案（DIS）阶段才会介入；IEC 则采取集中管理模式，所有的文件从一开始就是由 IEC 中央办公室负责管理的。

（1）理事会。理事会是 IEC 最高权力和立法机构，它代表了各个国家委员会的全体大会。理事会的成员由各个国家委员会主席、IEC 主席、副主席、司库、秘书长等 IEC 官员，以及所有往届主席和 IEC 理事局成员组成。理事会每年至少召开 1 次会议，其主要职责是负责制定 IEC 政策、长期战略目标及财政目标，选举理事局、标准化管理局及合格评定局的成员和主席，修改 IEC 章程及议事规则等。

（2）理事局（CB）。理事局是主持 IEC 工作的最高决策机构，负责落实理事会制定的政策，通常情况下理事局每年至少召开 2 次会议。CB 的主要职责为理事会会议批准日程和准备文件，接收并审议标准化管理局（SMB）、合格评定局（CAB）和市场战略局（MSB）的报告。

（3）标准化管理局（SMB）。SMB 由 1 名主席（由 IEC 副主席担任）、IEC 秘书长、理事会选举的 15 个成员组成。通常情况下，SMB 每年召开 3 次会议，其主要职责是管理 IEC 的标准工作，包括建立和解散 IEC 技术委员会（TC）及分技术委员会（SC），并批准 TC 及 SC 的工作范围；指定 TC 及 SC 主席，分配秘书处；分配标准工作，负责标准项目的制定和修订时间进度；批准和维护 ISO/IEC 导则；审议、计划新技术工作领域的需求和计划；维护与其他国际组织的联系。

（4）市场战略局（MSB）。MSB 负责确定 IEC 活动领域的技术发展趋势及市场需求，并向 IEC 理事局报告；制定战略，使主要市场的投入最大化；建立 IEC 技术与合格评定工作的优先领域，以促进 IEC 能及时反映创新和快速发展的市场的需求。MSB 可以建立特别工作组（SWG），这些工作组通常在某一个 MSB 成员的领导下对某一议题进行深入的调查并制定相关的文件。通常 MSB 每年至少召开一次会议。

（5）合格评定局（CAB）。CAB 是一个决策机构，由理事会选举的主席（IEC 副主席）、12 名成员（包括国家委员会指定的替补成员）、每个合格评定体系及独立体系的主席和秘书、IEC 司库，以及 IEC 秘书长等组成。CAB 的主要职责是设定 IEC 合格评定政策，促进和维护 IEC 与其他国际组织在合格评定事务上的关系，创建、调整和解散合格评定体系，跟踪和实施合格评定活动，检查 IEC 合格评定活动的连续相关性等。

（6）执行委员会（ExCo）。ExCo 由 IEC 官员组成，其主要职责是向理事局报告 IEC

理事会和理事局决议的执行情况，通过秘书长监督 IEC 中央办公室的工作。通常 ExCo 每年至少召开 4 次会议。

（7）中央办公室（CO）。CO 是 IEC 的办事机构和活动中心，其主要职责是监督 IEC 章程、技术规则、技术工作导则，以及理事会和理事局决议的贯彻实施；通过现代化电子手段和通信手段，保证项目的管理、工作文件的传输和标准最终文本的出版发行等各项工作的正常运行。

（8）技术委员会（TC）。TC 是承担 IEC 标准制定、修订工作的技术机构，所有的技术委员会都是由标准化管理局建立、管理并监督其工作的。截至 2020 年底，IEC 共有 125 个技术委员会。

（9）ISO/IEC 联合技术机构。目前，ISO/IEC 联合技术机构有联合技术委员会（JTC）、联合项目委员会（JPC）和联合工作组（JWG）。

（10）无线电干扰特别委员会（CISPR）。无线电干扰特别委员会是 IEC 下属的半独立性的委员会，建立于 1923 年，由 IEC 国家委员会和有关国际组织的代表组成。其主要职责是研究、制定无线电干扰的测试方法，规定允许的干扰极限，制定抑制无线电干扰的各种措施等。

2.1.3 ISO/IEC 技术委员会的工作程序

ISO/IEC 技术机构的种类主要有技术委员会（TC）、分技术委员会（SC）、项目委员会（PC）、联合技术委员会（JTC）、联合项目委员会（JPC）、工作组（WG）、项目组（PG/PT），以及维护组（MT）。

2.1.3.1 TC 的建立程序

（1）TC 是通过技术管理局（TMB）或标准化管理局（SMB）进行的，TC 的转换和解散也是通过 TMB 或 SMB 进行的，经过和相关 TC 的协商后，可以将现有的 SC 转换为 TC。

（2）TC 的建立程序。可以提出建立新 TC 的机构有国家成员体、技术委员会和分技术委员会、项目委员会、政策委员会、技术管理局、首席执行官、负责管理认证体系的机构、其他有国家成员的国际组织。

批准条件包括参加投票的国家成员体的 2/3 以上赞成；至少有 5 个国家成员体表示愿意积极参加其工作，并指定了秘书处。

TC 的建立程序规定国家成员体在投赞成票时需提供表明其决定的声明，如果没有提供声明则将赞成票视为无效。

2.1.3.2　SC 的建立程序

SC 的建立和解散由其母技术委员会（TC）决定，但须经 TMB 或 SMB 批准。批准条件包括：某个国家成员体愿意承担秘书处；至少 5 个母技术委员会的成员表示积极参加其工作；母技术委员会中有 2/3 的 P 成员同意建立。

2.1.3.3　PC 的建立程序

PC 的建立由 TMB 批准，建立 PC 的目的是制定某一项不属于现有任何 TC 或 SC 工作范围的标准项目。PC 的建立条件包括：参加投票的国家成员体大多数同意；5 个以上国家成员体推荐的专家积极参与。

在 PC 负责制定的国际标准发布后，应将 PC 解散。根据规定，PC 转为 TC 时应遵循 TC 的建立程序。

2.1.3.4　JPC 和 JTC 的建立程序

JPC 和 JTC 的建立由 ISO 的 TMB、IEC 的 SMB 或 JTAB 决定。JPC 由 ISO 或 IEC 管理，具体需由 ISO 和 IEC 签署协议决定。参与 JPC 时，应遵循一个国家成员体一票的原则，如果一个国家成员体代表了 ISO 或 IEC 的不同机构,仅其中的一个机构具有对 JPC 的管理权。

2.1.3.5　TC、SC、PC 的工作程序

TC、SC、PC 的主要工作程序如下所述。

（1）建立 TC、SC、PC 时应以提案的方式向 ISO 的 TMB 或 IEC 的 SMB 申请，并使用不同的表格。提案的基本内容应包括：TC、SC、PC 的名称；TC、SC、PC 的工作范围和初始工作计划；建立 TC、SC、PC 的目的和理由；如果有必要，则还需要提供其他组织开展相应工作的调查报告。

（2）技术委员会和分技术委员会的成员类型如下：

① 积极成员（Participating Member），也称为 P 成员，其义务是积极参与工作，承担投票义务，尽可能参加会议；其权利是全权表决权。

② 观察成员（Observer Member），也称 O 成员。O 成员以观察员身份参与工作，可收到技术委员会和分技术委员会的文件，并有权提出意见和参加会议。

（3）如果 P 成员连续两次不直接参加 TC 或 SC 的会议，也不以通信的方式做出贡献，未指派专家参与技术工作，不参与 TC 或 SC 的正式国际标准的投票，则会被降级。P 成员被降级后，可以在 12 个月后向 CEO 办公室申请恢复 P 成员的资格。

（4）TC 的主席由 TC 的秘书处提名，经 TMB 或 SMB 批准后生效；SC 主席由 SC 的秘书处提名，经其母技术委员会批准后生效。

（5）TC 和 SC 主席的职责是：全面管理本 TC 工作（包括 SC 和 WG）；指导 TC 和 SC 秘书处的工作；主持 TC 或 SC 的会议；进行工作协调，以便形成统一的意见。

（6）TC 和 SC 主席的立场和任期是：TC 和 SC 的主席应保持纯粹国际立场；TC 和 SC 主席的任期为 6 年，续任任期为 3 年，续任需要提出申请，TC 的主席续任由技术管理局批准，SC 主席的续任由母技术委员会（母 TC）批准。

（7）关于 TC 和 SC 的副主席，ISO 规定每个 TC 和 SC 都可以设立一个副主席职位；副主席由 TC 和 SC 的主席和秘书处从 TC 或 SC 的 P 成员且在发展中国家的范围内提名，副主席必须经 TC 和 SC 的批准；副主席的任期是 3 年，续任任期也是 3 年。

（8）TC 的秘书处由 TMB 或 SMB 分派，SC 秘书处由母 TC 分派（若有两个国家成员体申请时，则由 TMB 决定）；TMB 或 SMB 每 5 年对秘书处进行一次审议，在秘书处很难开展工作时，TMB 或 SMB 将开展调查。

（9）在 TC 秘书处变动时，应提前 12 个月通知 CEO 办公室；在 SC 秘书处变动时，应提前 12 个月通知母 TC 和 TMB 或 SMB。

（10）工作组（WG）的任务是国际标准的制定和修订，其成员为母 TC 或 SC 的 P 成员，以及 A 类和 D 类联络组织指派的专家，工作组召集人由母 TC 或 SC 主席和秘书处指定。A 类和 D 类联络组织指派的专家以个人身份工作，不代表官方。

2.1.4　ISO 和 IEC 的 JTC1

ISO 与 IEC 的共同之处是它们使用共同的导则，遵循共同的工作程序。为了应对在信息技术方面研制、发布国际标准的工作重叠和组织混乱，ISO 与 IEC 建立了联合技术委员会 1（JTC1），由 JTC1 负责制定信息技术领域中的国际标准，秘书处由美国标准学会（ANSI）担任。JTC1 是 ISO 和 IEC 中最大的技术委员会，其工作量几乎占 ISO 和 IEC 的 1/3，发布的国际标准数量也是 1/3，并且更新速度很快。JTC1 经 ISO、IEC 理事会授权使用特殊的标准制定程序，因此标准制定周期短，发布标准的速度快，但标准的寿命也比较短，有的标准会在几个月之内发布，过了几个月又会马上开始修订。这主要是由于信息技术的迅速发展造成的。JTC1 下设 20 多个分技术委员会，其制定的 OSI（开放系统互联）标准，成为各计算机网络之间进行连接的权威技术标准，为信息技术的发展奠定了坚实的基础。ISO 和 IEC 使用共同的情报中心，为各国及各国际组织提供了标准化方面信息服务，ISO 和 IEC 之间的关系也变得越来越密切。

2.1.5 国际标准制定程序及相关事项

2.1.5.1 WTO 制定国际标准的原则

WTO 制定国际标准的原则有透明度原则、无歧视原则、协商一致原则、全球相关性原则、避免重复和冲突原则、解决发展中国家关注的问题等原则。

2.1.5.2 ISO 制定国际标准的原则

ISO 制定国际标准的原则主要有：

（1）协商一致原则：避免对重要关注的实质性内容的持续反对；在国际标准的制定过程中应充分考虑所有关注方的意见；以协调所有冲突和争论为目标。注意，ISO 的协调一致原则并不意味着要达到全体一致。

（2）全球相关性原则：有效反映市场的需求、体现各国科学技术的发展、不影响创新和技术发展、不阻碍公平竞争。

2.1.6 国际标准的制定流程

ISO 和 IEC 制定一个国际标准通常需要 3 年的时间，制定每个国际标准的流程通常包括 7 个阶段，即预备阶段、提案阶段、准备阶段、技术委员会阶段、征求意见阶段、批准阶段、出版阶段。

我国申请制定国际标准的准备工作包括：

（1）摸清拟申请制定的国际标准提案在 ISO 和 IEC 是否已有类似标准，如果有，属于哪一个 TC 或 SC，国内的技术对口单位是哪个。

（2）填写国家标准化管理委员会的国际标准提案申请表和 ISO 或 EC 的专用表格。

（3）必须由国家标准化管理委员会统一向 ISO 或 IEC 提交申请。

我国准备国际标准提案的准备工作包括：

（1）提案的名称和范围。

（2）提案的目的和理由。

（3）我国和其他相关国家或组织开展相应标准或法规的情况。

（4）完整的草案或大纲。

下面对制定国际标准流程的 7 个阶段进行解析。

2.1.6.1 预备阶段

通过 P 成员的简单多数表决，技术委员会或分技术委员会可将尚未完全成熟、不能进入下一阶段处理的预工作项目（PWI）纳入工作计划中，如涉及新兴技术的项目。

预工作项目仅意味着该项目可列入 TC 或 SC 的工作计划，并没有正式立项。

2.1.6.2 提案阶段

当预工作项目满足以下要求即可立项：

（1）通过 TC 或 SC 的 P 成员简单多数表决。

（2）如果 TC 或 SC 具有 16 个或以下 P 成员，则至少需要 4 个 P 成员表示积极参与该工作项目的起草；如果 TC 或 SC 具有 17 个或以上 P 成员，则至少需要 5 个 P 成员表示积极参与该工作项目的起草。

2.1.6.3 准备阶段

准备阶段的主要工作是建立工作组（WG），并形成协商一致的工作草案（WD）。

2.1.6.4 技术委员会阶段

技术委员会阶段是考虑国家成员体意见的主要阶段，目的是在技术内容上达成一致，因此国家成员体应认真研究第一份委员会草案（CD）并在委员会阶段提交所有相关意见。国家成员体对委员会草案的评论时间为 3 个月。

技术委员会在协商一致的基础上做出分发工作草案的决定，当 ISO 对工作草案有疑问时，只要参加投票的技术委员会或分技术委员会中 2/3 的 P 成员同意，就可以认为该工作草案被接受作为询问草案予以登记。

2.1.6.5　征求意见阶段

在征求意见阶段，CEO 办公室将询问草案分发给所有的国家成员体进行投票，IEC 的国家成员体要进行为期 5 个月的投票，ISO 的国家成员体要进行为期 3 个月的投票。如果参加投票的技术委员会或分技术委员会 P 成员有 2/3 赞成，并且反对票数不超过总票数的 1/4，则可通过询问草案。在计票时，弃权票以及未附有技术理由的反对票不计算在内。

2.1.6.6　批准阶段

在批准阶段，CEO 办公室应将最终国际标准草案（FDIS）分发给所有的国家成员体进行为期 2 个月的投票。如果参加投票的技术委员会或分技术委员会 P 成员有 2/3 赞成，并且反对票数不超过总票数的 1/4，则可通过国际标准草案。

2.1.6.7　出版阶段

CEO 应在 2 个月之内更正技术委员会和分技术委员会秘书处指出的所有错误并出版国际标准。国际标准出版后，表示国际标准的制定流程结束。

2.2　ISO/IEC 导则　第 2 部分：国际标准的结构和起草规则

为了使国际标准更加明确易懂且无歧义，ISO 和 IEC 发布了《ISO/IEC 导则　第 2 部分：国际标准的结构和起草规则》。该标准化文件的另一个目的就是帮助更多的国家标准化团体，尤其是不发达的国家和地区，以及经济转型的国家参与国际标准的起草。该标准化文件不仅为国际标准的起草提供了规则和依据，同时也为世界各国在起草各国的标准化文件时提供了规则和依据。

我国的标准化有关部门从 20 世纪 80 年代开始关注《ISO/IEC 导则　第 2 部分：国际标准的结构和起草规则》。尤其是在 1993 年我国颁布了《采用国际标准和国外先进标准管理办法》之后，在标准的编写方法上积极采用该标准化文件。在我国国家标准《标准化工作导则　第 1 部分：标准化文件的结构和起草规则》（GB/T 1.1—2000）中大量地采用该文件中的方法，尤其是在标准的结构、编写，以及表述上采用了它的规则。2009 年我国根据该文件的第五版修订了我国的标准 GB/T 1.1—2000。目前现行的标准是 GB/T 1.1—2020。

为了能适应新的需求和发展，ISO 和 IEC 分别于 2011 年、2016 年和 2018 年相继发布了《ISO/IEC 导则　第 2 部分：国际标准的结构和起草规则》的第 6 版、7 版、8 版，并在 2018 年发布的第 8 版中将名称由原来的《ISO/IEC 导则　第 2 部分：国际标准的结构和起草规则》改为《ISO/IEC 导则　第 2 部分：国际标准化文件的结构和起草规则》。目前我国的有关标准化机构已经完成了 GB/T 1.1 的修订工作，并且在 2020 年 3 月发布了 GB/T 1.1—2020，于 2020 年 10 月 1 日开始实施。

本书将在第 3 章对 GB/T 1.1—2020 进行详细的解析。

2.3　ISO/IEC 指南

第 1 章提到 ISO 和 IEC 有两个最重要的文件，一个是 ISO/IEC 导则，另一个是 ISO/IEC 指南。ISO/IEC 指南是 ISO 和 IEC 发布的最重要的技术方法性和指导性文件。由于 ISO 和 IEC 在过去 70 多年里经历了合并和分离，所以目前发布的指南通常有 ISO/IEC 指南、ISO 指南、IEC 指南三种形式。

到目前为止，ISO 和 IEC 共发布了 100 多个 ISO/IEC 指南，不仅为各种技术标准的编写提供方法和依据，同时也提供技术指导。我国很多的方法性国家标准和行业标准都以 ISO/IEC 指南为依据，如 GB/T 20000.1 参考了 ISO/IEC 指南的第 2 部分、GB/T 20000.2 参考了 ISO/IEC 指南的第 21 部分、GB/T 20000.3 参考了 ISO/IEC 指南的第 15 部分、GB/T 20000.4 参考了 ISO/IEC 指南的第 51 部分。

为了更加有效地采用国际标准，同时为我国的标准化工作提供依据，建议从事标准化的工作者密切关注 ISO/IEC 指南的最新动态，关注新标准的发布和最新修订版本的发布。

第3章
标准化文件的结构和起草规则

3.1 背景

标准化活动是为了建立最佳秩序、促进共同效益而开展的制定标准并应用标准的活动。为了保证标准化活动的有序开展，促进标准化目标和效益的实现，对标准化活动本身确立规则已经成为国内外各类标准化机构开展标准化活动的首要任务。

标准化活动的工作之一是为建立完善的技术规则而起草高质量的标准和标准化文件。为了做好这项工作，我国在1958年就发布了有关标准出版印刷规定的国家标准，这就是最早的GB/T 1。1981年以来，我国先后发布了5个版本的GB/T 1.1，规定了我国标准的结构和起草规则。

尤其是自1984年开始执行《采用国际标准管理办法》以来，我国在标准的结构和编写上积极采用国际标准，主要参考了《ISO/IEC 导则 第2部分：国际标准的结构和起草规则》，同时结合了我国标准化的具体实际。在2020年3月发布了新版的GB/T 1.1—2020，于2020年10月1日开始实施。我国新发布的GB/T 1.1—2020的名称为《标准化工作导则 第1部分：标准化文件的结构和起草规则》。

GB/T 1.1—2009发布实施至今已10多年，这期间标准化的作用受到越来越广泛的重视，与标准起草有关的标准化理论研究和实践，以及国际规则都发生了变化。首先，GB/T 1.1—2009依据的主要标准化文件ISO/IEC 导则第2部分分别于2011年、2016年和2018年相继发布了第6版、第7版和第8版。其次，我国标准化原理与方法研究不断深入，自2014年开始陆续发布了指导不同功能类型标准的起草，以及标准中涉及安全、环境等内容编写的国家标准，充实完善了《标准编写规则》（GB/T 20001系列标准）和

《标准中特定内容的起草》（GB/T 20002 系列标准）的相关部分。最后，随着 GB/T 1.1 的广泛应用，以及标准起草实践的逐渐深入，新的需求与建议不断产生。鉴于此，有必要修订完善 GB/T 1.1，以不断适应国内外相关标准的新变化，以及标准化实践发展的新需求，确保支撑标准制定工作的基础性国家标准体系的整体协调。因此，本章的内容主要以 ISO/IEC 导则的第 2 部分和最新发布的 GB/T 1.1—2020 为依据，对于标准（或标准化文件）的结构和起草规则进行解析。

在解析过程中，强调对各类标准化对象进行标准化，首先需要的是确立条款，也就是确定标准的规范性要素；其次是编制标准化文件，重点考虑了起草标准化文件的总体原则和要求，以及如何选择标准化文件的规范性要素，明确了不同功能类型标准的核心技术要素，并进一步清晰地规定了标准化文件要素的编写和表述。通过确立更加严谨的起草规则，让标准化文件起草者有据可依，从而提高标准化文件的质量和应用效率，促使标准化文件功能的有效发挥，更好地促进贸易、交流和技术合作。

3.2　GB/T 1.1—2020 内容变更的说明

与 GB/T 1.1—2009 相比，GB/T 1.1—2020 的最大变化是将原来的名称《标准化工作导则　第 1 部分：标准的结构和编写》改为《标准化工作导则　第 1 部分：标准化文件的结构和起草规则》，并且在第 4 章对标准化文件做了详细的说明，除了上述变化和结构调整，以及编辑性改动，主要技术变化如下：

（1）增加了"文件的类别"一章（见 2020 年版标准的第 4 章）。

（2）将"总则"更改为"目标、原则和要求"，细分了原则，并将 2009 版标准的有关内容更改后纳入（见新版标准的第 5 章，2009 版标准的第 4 章、5.1.1、5.1.2.1、5.1.2.2、6.3.1.1 和 6.3.4）。

（3）在"文件名称"中增加了表示标准功能类型的词语及其英文译名（见 2020 年版标准的 6.1.4.2）。

（4）更改了要素的类别、构成以及表述形式（见 2020 年版标准的 6.2.2，2009 年版标准的 5.1.3）。

（5）更改了"列项"的具体形式及编写规则（见 2020 年版标准的 7.5，2009 年版标准的 5.2.6）。

（6）更改了编写要素"前言"时不允许使用条款类型的规定（见 2020 年版标准的

8.3，2009 年版标准的 6.1.3)。

(7) 增加了某些条件下需要设置要素"引言"的规定，以及编写"引言"时需要给出的具体背景信息(见 2020 年版标准的 8.4)。

(8) 更改了陈述"范围"所使用的条款类型和表述形式(见 2020 年版标准的 8.5.3，2009 年版标准的 6.2.2)。

(9) 更改了要素"规范性引用文件"的引导语(见 2020 年版标准的 8.6.2，2009 年版标准的 6.2.3)。

(10) 删除了性能原则(见 2009 年版标准的 6.3.1.2)、可证实性原则(见 2009 年版标准的 6.3.1.3)和针对"要求"的编写规定(见 2009 年版标准的 6.3.4)。

(11) 更改了编写"术语条目"的一些规则，增加了详细的规定(见 2020 年版标准的 8.7.3，2009 年版标准的 6.3.2)。

(12) 增加了引出符号和/或缩略语清单的引导语(见 2020 年版标准的 8.8.2)。

(13) 更改了要素"分类和编码"的编写规则(见 2020 年版标准的 8.9.1、8.9.3，2009 年版标准的 6.3.5)，增加了要素"系统构成"的编写规则(见 2020 年版标准的 8.9.2、8.9.3)。

(14) 增加了要素"总体原则""总体要求"的编写规则(见 2020 年版标准的 8.10)。

(15) 增加了要素"核心技术要素"(见 2020 年版标准的 8.11)、"其他技术要素"的编写规则(见 2020 年版标准的 8.12)，删除了"技术要素的表述"(见 2009 年版标准的 7.1.3)。

(16) 更改了要素"参考文献"的编写规则(见 2020 年版标准的 8.13，2009 年版标准的 6.4.2)、要素"索引"的编写规则(见 2020 年版标准的 8.14，2009 年版标准的 6.4.3)。

(17) 更改了条款类型以及条款表述使用的一些能愿动词(见 2020 年版标准的 9.1、附录 C，2009 年版标准的 7.1.2、附录 F)，增加了表述一般性陈述的典型用词(见 2020 年版标准的表 C.7)。

(18) 增加了"附加信息"(见 2020 年版标准的 9.2)、"通用内容"(见 2020 年版标准的 9.3)的表述规则。

(19) 增加了条文中常用词的使用规则(见 2020 年版标准的 9.4.2)。

（20）更改了称呼文件自身的表述规则（见 2020 年版标准的 9.5.2，2009 年版标准的 8.1.2.1）；增加了注日期引用同一日历年发布不止一个版本的文件的标注规则（见 2020 年版标准的 9.5.4.1.1），更改了不注日期引用的规则（见 2020 年版标准的 9.5.4.1.2，2009 年版标准的 8.1.3.3）；增加了规范性引用和资料性引用的表述规则（见 2020 年版标准的 9.5.4.2）、标明来源的方法（见 2020 年版标准的 9.5.4.3）；更改了被引用文件的限定条件（见 2020 年版标准的 9.5.4.4.1，2009 年版标准的 8.1.3.1），增加了不应被引用的文件的规定（见 2020 年版标准的 9.5.4.4.2、9.5.4.4.3）；删除了关于部分之间引用的规则（见 2009 年版标准的 8.1.4）；更改了提示文件自身的具体内容的表述规则（见 2020 年版标准的 9.5.5，2009 年版标准的 8.1.2.2）。

（21）更改了"附录"的表述规则（见 2020 年版标准的 9.6，2009 年版标准的 5.2.7、6.3.6、6.4.1.1），删除了关于资料性附录可包含内容的规定（见 2009 年版标准的 6.4.1.2）。

（22）更改了关于"图"和"表"用法的规则（见 2020 年版标准的 9.7.1、9.8.1，2009 年版标准的 7.3.1、7.4.1）、图和表转页接排的表述规则（见 2020 年版标准的 9.7.3、9.8.3，2009 年版标准的 7.3.7、7.4.5）、曲线图中标引序号的使用规则（见 2020 年版标准的 9.7.4.2，2009 年版标准的 7.3.5）和表头的编写规则（见 2020 年版标准的 9.8.4，2009 年版标准的 7.4.4）。

（23）增加了"示例"的表述规则（见 2020 年版标准的 9.10.3、9.10.4）。

（24）增加了条目编号上下行空的规定（见 2020 年版标准的 10.3.5），表中内容的编排规定（见 2020 年版标准的 10.4.2.2），区分示例线框的规定（见 2020 年版标准的 10.4.5）。

（25）增加了"重要提示""术语条目""来源"等内容中的字号和字体的规定（见表 F.1）。

3.3 标准的适用范围

2020 年版标准确立了标准化文件的结构及其起草的总体原则和要求，并规定了标准名称、层次、要素的编写和表述规则，以及标准的编排格式。该标准适用于国家、行业和地方标准化文件的起草，其他标准化文件的起草参照使用。

3.4 规范性引用文件

下列文件中的内容通过 GB/T 1.1—2020 的规范性引用而构成 GB/T 1.1—2020 必不

可少的条款。其中，注日期的引用文件，仅该日期对应的版本适用于本文件；不注日期的引用文件，其最新版本（包括所有的修改单）适用于本文件。

- GB/T 321：优先数和优先数系。
- GB/T 3101：有关量、单位和符号的一般原则。
- GB/T 3102（所有部分）：量和单位。
- GB/T 7714：信息与文献　参考文献著录规则。
- GB/T 14559：变化量的符号和单位。
- GB/T 15834：标点符号用法。
- GB/T 15835：出版物上数字用法。
- GB/T 20000.1：标准化工作指南　第 1 部分：标准化和相关活动的通用术语。
- GB/T 20000.2：标准化工作指南　第 2 部分：采用国际标准。
- GB/T 20001（所有部分）：标准编写规则。
- GB/T 20002（所有部分）：标准中特定内容的起草。
- ISO 80000（所有部分）：量和单位。
- IEC 60027（所有部分）：电工技术用文字符号。
- IEC 80000（所有部分）：量和单位。

3.5　术语和定义

GB/T 20000.1 界定的以及下列术语和定义适用于 GB/T 1.1—2020。

3.5.1　文件

（1）标准化文件（Standardizing Document）：通过标准化活动制定的文件。来源：GB/T 20000.1—2014 的 5.2。

（2）标准（Standard）：通过标准化活动，按照规定的程序经协商一致制定，为各种活动或其结果提供规则、指南或特性，供共同使用和重复使用的文件。来源：GB/T 20000.1—2014 的 5.3。

（3）基础标准（Basic Standard）：以相互理解为编制目的形成的具有广泛适用范围的标准，通常包括术语标准、符号标准、分类标准、试验标准等。

（4）通用标准（General Standard）：包含某个或多个特定领域普遍适用的条款的标准。通用标准在其名称中常包含词语"通用"，如通用规范、通用技术要求等。

3.5.2　文件的结构

（1）结构（Structure）：文件中层次、要素，以及附录、图和表的位置和排列顺序。

（2）正文（Main Body）：从文件的范围到附录之前位于版心中的内容。

（3）规范性要素（Normative Element）：界定文件范围或设定条款的要素。

（4）资料性要素（Informative Element）：给出有助于文件的理解或使用的附加信息的要素。

（5）必备要素（Required Element）：在文件中必不可少的要素。

（6）可选要素（Optional Element）：在文件中存在与否取决于起草特定文件的具体需要的要素。

3.5.3　文件的表述

（1）条款（Provision）：在文件中表达应用该文件需要遵守、符合、理解或作出选择的表述。

（2）要求（Requirement）：表达声明符合该文件需要满足的客观可证实的准则，并且不准许存在偏差的条款。

（3）指示（Instruction）：表达需要履行的行动的条款。来源：GB/T 20000.1—2014 的9.3，有修改。

（4）推荐（Recommendation）：表达建议或指导的条款。来源：GB/T 20000.1—2014 的9.4。

（5）允许（Permission）：表达同意或许可（或有条件）去做某事的条款。

（6）陈述（Statement）：阐述事实或表达信息的条款。来源：GB/T 20000.1—2014 的9.2，有修改。

（7）条文（Text）：由条或段表述文件要素内容所用的文字和/或文字符号。

3.6　文件的类别

3.6.1　说明

标准化文件的数量众多，范围广泛，根据不同的属性可以将文件归为不同的类别。我国的标准化文件包括标准、标准化指导性技术文件，以及文件的某个部分等类别。国际标准化文件通常包括标准、技术规范（TS）、可公开提供规范（PAS）、技术报告（TR）、指南（Guide），以及文件的某个部分等类别。文件中可能会引用上述各类国际标准化文件。部分是一个文件划分出的层次，然而由于它可以单独编制、修订和发布，因此除非需要单独指出"部分"，GB/T 1.1—2020 中的标准化文件包含了"部分"。

3.6.2　标准化文件的类别

确认标准的类别能够帮助起草者起草适用性更好的标准。标准按照不同的属性可以划分为不同的类别。

（1）按照标准化对象可以划分为以下对象类别：

① 产品标准：规定产品需要满足的要求以保证其适用性的标准。

② 过程标准：规定过程需要满足的要求以保证其适用性的标准。

③ 服务标准：规定服务需要满足的要求以保证其适用性的标准。

产品标准还可以细分为原材料标准、零部件/元器件标准、制成品标准和系统标准等，其中系统标准指规定系统需要满足的要求以保证其适用性的标准。

（2）按照标准内容的功能可以划分为以下功能类型：

① 术语标准：界定特定领域或学科中使用的概念的指称及其定义的标准。

② 符号标准：界定特定领域或学科中使用的符号的表现形式及其含义或名称的标准。

③ 分类标准：基于诸如来源、构成、性能或用途等相似特性对产品、过程或服务进行有规律的划分、排列或者确立分类体系的标准。

④ 试验标准：在适合指定目的的精密度范围内和给定环境下，全面描述试验活动，以及得出结论的方式的标准。

⑤ 规范标准：为产品、过程或服务规定需要满足的要求并且描述用于判定该要求是否得到满足的证实方法的标准。

⑥ 规程标准：为活动的过程规定明确的程序并且描述用于判定该程序是否得到履行的追溯/证实方法的标准。

⑦ 指南标准：以适当的背景知识提供某主题的普遍性、原则性、方向性的指导，或者同时给出相关建议或信息的标准。

3.7 目标、原则和要求

3.7.1 目标和总体原则

编制文件的目标是通过规定清楚、准确和无歧义的条款，使得文件能够为未来技术发展提供框架，并被未参加文件编制的专业人员所理解且易于应用，从而促进贸易、交流和技术合作。

为了达到上述目标，起草文件时宜遵守以下总体原则：充分考虑最新技术水平和当前市场情况，认真分析所涉及领域的标准化需求；在准确把握标准化对象、文件使用者和文件编制目的的基础上，明确文件的类别和/或功能类型，选择和确定文件的规范性要素，合理设置和编写文件的层次和要素，准确表达文件的技术内容。

3.7.2 文件编制成整体或分为部分的原则

针对一个标准化对象通常宜编制成一个无须细分的整体文件，在特殊情况下可编制成分为若干部分的文件。在综合考虑下列情况后，针对一个标准化对象可能需要编制成若干部分：

（1）文件篇幅过长。

（2）文件使用者需求不同，例如生产方、供应方、采购方、检测机构、认证机构、立法机构、管理机构等。

（3）文件编制目的不同，例如保证可用性，便于接口、互换、兼容或相互配合，利于品种控制，保障健康、安全，保护环境或促进资源合理利用，以及促进相互理解和交流等。

通常，适用于范围广泛的通用标准化对象的内容宜编制成一个整体文件；适用于范围较窄的标准化对象的通用内容宜编制成分为若干部分的文件的通用部分；适用于范围单一的标准化对象的具体内容不宜编制成一个整体文件或分为若干部分的文件的某个部分，仅适于编写成文件中的相关要素。

例如，对于试验方法，适用于广泛的产品，编制成试验标准；适用于某类产品，编制成分为若干部分的文件的试验方法部分；适用于某产品的具体特性的测试，编写成产品标准中的"试验方法"要素。

在开始起草文件之前宜考虑并确立：

（1）文件拟分为部分的原因以及文件分为部分后各部分之间的关系。

（2）分为部分的文件中预期的每个部分的名称和范围。

3.7.3　规范性要素的选择原则

3.7.3.1　标准化对象原则

标准化对象原则是指起草文件时需要考虑标准化对象或领域的相关内容，以便确认拟标准化的是产品/系统、过程或服务，还是与某领域相关的内容；是完整的标准化对象，还是标准化对象的某个方面，从而确保规范性要素中的内容与标准化对象或领域紧密相关。标准化对象决定着起草标准的对象类别，它直接影响文件规范性要素的构成及其技术内容的选取。

3.7.3.2　文件使用者原则

文件使用者原则是指起草文件时需要考虑文件使用者，以便确认文件针对的是哪一方面的使用者，他们关注的是结果还是过程，从而保证规范性要素中的内容是特定使用者所需要的。文件使用者不同，会对将文件确定为规范标准、规程标准或试验标准等产生影响，进而文件的规范性要素的构成及其内容的选取就会不同。

3.7.3.3　目的导向原则

目的导向原则是指起草文件时需要考虑文件编制目的，并以确认的编制目的为导向，对标准化对象进行功能分析，识别出文件中拟标准化的内容或特性，从而确保规范性要素中的内容是为了实现编制目的而选取的。文件编制目的决定着标准的目的类别。编制目的不同，规范性要素中需要标准化的内容或特性就不同；编制目的越多，选取的内容或特性就越多。

文件编制目的，如果是促进相互理解，则形成标准的目的类别为基础标准；如果是保证可用性、互换性、兼容性、相互配合或品种控制的目的，则形成标准的目的类别为技术标准；如果是保障健康、安全，保护环境，则形成标准的目的类别为卫生标准、安全标准、环保标准。

按照标准内容的功能，以促进相互理解为目的编制的基础标准，还可分为术语标准、符号标准、分类标准或试验标准；以其他目的编制的标准，还可分为规范标准、规程标准或指南标准。

3.7.4　文件的表述原则

3.7.4.1　一致性原则

每个文件内或分为部分的文件各部分之间，其结构以及要素的表述宜保持一致，为此：

（1）相同的条款宜使用相同的用语，类似的条款宜使用类似的用语。

（2）同一个概念宜使用同一个术语，避免使用同义词。

（3）相似内容的要素的标题和编号宜尽可能相同。

一致性对于帮助文件使用者理解文件（特别是分为部分的文件）的内容尤其重要，对于使用自动文本处理技术以及计算机辅助翻译也是同样重要的。

3.7.4.2　协调性原则

起草的文件与现行有效的文件之间宜相互协调，避免重复和不必要的差异，为此：

（1）针对一个标准化对象的规定宜尽可能集中在一个文件中。

（2）通用的内容宜规定在一个文件中，形成通用标准或通用部分。

（3）文件的起草宜遵守基础标准和领域内通用标准的规定，如有适用的国际文件宜尽可能采用。

（4）需要使用文件自身其他位置的内容或其他文件中的内容时，宜采取引用或提示的表述形式。

3.7.4.3　易用性原则

文件内容的表述宜便于直接应用，并且易于被其他文件引用或剪裁使用。

3.7.5　总体要求

起草文件时应在选择规范性要素的基础上确定文件的预计结构和内在关系。

为了提高文件的适用性和应用效率，确保文件的及时发布，编制工作各阶段的文件草案在符合 GB/T 1.1—2020 规定的起草规则的基础上：

（1）不同功能类型标准应符合 GB/T 20001 相应部分的规定。

（2）文件中某些特定内容应符合 GB/T 20002 相应部分的规定。

（3）与国际文件有一致性对应关系的我国文件应符合 GB/T 20000.2 的规定。

文件中不应规定诸如索赔、担保、费用结算等合同要求，也不应规定诸如行政管理措施、法律责任、罚则等法律法规要求。

3.8　文件名称和结构

3.8.1　文件名称

3.8.1.1　通则

文件名称是对文件所覆盖的主题的清晰、简明的描述。任何文件均应有文件名称，并应置于封面中和正文首页的最上方。

文件名称的表述应使得某文件易于与其他文件相区分，不应涉及不必要的细节，任何必要的补充说明均由范围给出。

文件名称由尽可能短的几种元素组成，其顺序为由一般到特殊。所使用的元素应不多于以下三种：

（1）引导元素：为可选元素，表示文件所属的领域。

（2）主体元素：为必备元素，表示上述领域内文件所涉及的标准化对象。

（3）补充元素：为可选元素，表示上述标准化对象的特殊方面，或者给出某文件与其他文件，或分为若干部分的文件的各部分之间的区分信息。

3.8.1.2　可选元素的选择

（1）引导元素。

①　如果省略引导元素会导致主体元素所表示的标准化对象不明确，那么文件名称中应有引导元素。

示例 3-1：

正　确：农业机械和设备　散装物料机械　技术规范
不正确：　　　　　　　　散装物料机械　技术规范

在适用的情况下，可将归口该文件的技术委员会的名称作为引导元素。

②　如果主体元素（或者同补充元素一起）能确切地表示文件所涉及的标准化对象，那么文件名称中应省略引导元素。

示例 3-2：

正　确：　　　　工业用过硼酸钠　堆积密度测定
不正确：化学品　工业用过硼酸钠　堆积密度测定

（2）补充元素。如果文件只包含主体元素所表示的标准化对象的：

①　一个或两个方面，那么文件名称中应有补充元素，以便指出所涉及的具体方面；

②　两个以上但不是全部方面，那么在文件名称的补充元素中应由一般性的词语（例如技术要求、技术规范等）来概括这些方面，而不必一一列举；

③　所有必要的方面，并且是与该标准化对象相关的唯一现行文件，那么文件名称中应省略补充元素。

示例 3-3：

正　确：咖啡研磨机
不正确：咖啡研磨机　术语、符号、材料、尺寸、机械性能、额定值、试验方法、包装

3.8.1.3　避免限制文件的范围

文件名称宜避免包含无意中限制文件范围的细节。然而，当文件仅涉及一种特定类型的产品/系统、过程或服务时，应在文件名称中反映出来。

示例 3-4：

航天　1 100 MPa/235 ℃ 级单耳自锁固定螺母

3.8.1.4　词语选择

文件名称不必描述文件作为"标准"或"标准化指导性技术文件"的类别，不应包含"……标准""……国家标准""……行业标准"或"……标准化指导性技术文件"等词语。

除了符合规定的情况，不同功能类型标准的名称的补充元素或主体元素中应含有表示标准功能类型的词语，所用词语及其英文译名宜从表 3-1 中选取。

表 3-1　文件名称中表示标准功能类型的词语及其英文译名

标准功能类型	名称中的词语	英 文 译 名
术语标准	术语	vocabulary
符号标准	符号、图形符号、标志	symbol, graphical symbol, sign
分类标准	分类、编码	classification，coding
试验标准	试验方法、……的测定	test method, determination of…
规范标准	规范	specification
规程标准	规程	code of practice
指南标准	指南	guidance, guidelines

3.8.2　结构

3.8.2.1　层次

按照文件内容的从属关系，可以将文件划分为若干层次。文件可能具有的层次见表 3-2。

表 3-2　层次及其编号

层　次	编 号 示 例
部分	××××.1
章	5
条	5.1
条	5.1.1
段	[无编号]
列项	列项符号："——"和"·"；列项编号：a)、b) 和 1)、2)

3.8.2.2　要素

（1）要素的分类。按照功能，可以将文件内容划分为相对独立的功能单元——要素。从不同的维度，可以将要素分为不同的类别。

按照要素所起的作用，可分为规范性要素和资料性要素；按照要素存在的状态，可分为必备要素和可选要素。

（2）要素的构成和表述。要素的内容由条款和/或附加信息构成。规范性要素主要由条款构成，还可包括少量附加信息；资料性要素由附加信息构成。

构成要素的条款或附加信息通常的表述形式为条文。当需要使用文件自身其他位置的内容或其他文件中的内容时，可在文件中采取引用、提示的表述形式。为了便于文件结构的安排和内容的理解，有些条文需要采取附录、图、表、数学公式等表述形式。

表 3-3 中界定了文件中要素的类别及其构成，给出了要素允许的表述形式。

表 3-3　文件中各要素的类别、构成及表述形式

要　　素	要素的类别		要素的构成	要素所允许的表述形式
	必备或可选	规范性或资料性		
封面	必备	资料性	附加信息	标明文件信息
目次	可选			列表（自动生成的内容）
前言	必备	资料性	附加信息	条文、注、脚注、指明附录
引言	可选			条文、图、表、数学公式、注、脚注、指明附录
范围	必备	规范性	条款、附加信息	条文、表、注、脚注
规范性引用文件[a]	必备/可选	资料性	附加信息	清单、注、脚注

续表

要　素	要素的类别		要素的构成	要素所允许的表述形式
	必备或可选	规范性或资料性		
术语和定义[a]	必备/可选	规范性	条款、附加信息	条文、图、数学公式、示例、注、引用、提示
符号和缩略语	可选	规范性	条款、附加信息	条文、图、表、数学公式、示例、注、脚注、引用、提示、指明附录
分类和编码/系统构成	可选			
总体原则和/或总体要求	可选			
核心技术要素	必备			
其他技术要素	可选			
参考文献	可选	资料性	附加信息	清单、脚注
索引	可选			列表（自动生成的内容）

注：[a] 章编号和标题的设置是必备的，要素内容的有无根据具体情况进行选择。

（3）要素的选择。规范性要素中范围、术语和定义、核心技术要素是必备要素，其他是可选要素，其中术语和定义内容的有无可根据具体情况进行选择。不同功能类型标准具有不同的核心技术要素。规范性要素中的可选要素可根据所起草文件的具体情况在表 3-3 中选取，或者进行合并或拆分，要素的标题也可调整，还可设置其他技术要素。

资料性要素中的封面、前言、规范性引用文件是必备要素，其他是可选要素，其中规范性引用文件内容的有无可根据具体情况进行选择。资料性要素在文件中的位置、先后顺序以及标题均应与表 3-3 所呈现的相一致。

3.9　层次的编写

3.9.1　部分

3.9.1.1　部分的划分

部分是一个文件划分出的第一层次。划分出的若干部分共用同一个文件顺序号。部分不应进一步细分为分部分。文件分为部分后，每个部分可以单独编制、修订和发布，并与整体文件遵守同样的起草原则和规则。

按照部分的划分原则可以将一个文件分为若干部分。起草这类文件时，有必要事先研究各部分的安排，考虑是否将第 1 部分预留给诸如"总则""术语"等通用方面。

可使用以下两种方式将文件分为若干部分：

（1）将标准化对象分为若干个特殊方面，每个部分分别涉及其中的一两个方面，并且能够单独使用。

示例 3-5：

第 1 部分：术语

第 2 部分：要求

第 3 部分：试验方法

第 4 部分：安装要求

（2）将标准化对象分为通用和特殊两个方面，通用方面作为文件的第 1 部分，特殊方面（可修改或补充通用方面，不能单独使用）作为文件的其他各部分。

示例 3-6：

第 1 部分：通用要求

第 2 部分：热学要求

第 3 部分：空气纯净度要求

第 4 部分：声学要求

部分的划分通常是连续的，在需要按照各部分的内容分组时，可以通过部分编号区分各组。

示例 3-7：

第 1 部分：通用要求

第 11 部分：电熨斗的特殊要求

第 12 部分：离心脱水机的特殊要求

第 13 部分：洗碗机的特殊要求

示例 3-8：

第 1 部分：通则和指南

第 21 部分：振动试验（正弦）

第 22 部分：配接耐久性试验

第 31 部分：外观检查和测量

第 32 部分：单模纤维光学器件偏振依赖性的检查和测量

3.9.1.2 部分编号

部分编号应置于文件编号中的顺序号之后，使用从 1 开始的阿拉伯数字，并用下脚点与顺序号相隔，如××××.1、××××.2 等。

3.9.1.3 部分的名称

分为部分的文件中的每个部分的名称的组成方式应符合 3.8.1 节的规定。部分的名称中应包含"第×部分："（×为使用阿拉伯数字的部分编号），后跟补充元素。每个部分名称的补充元素应不同，以便区分和识别各个部分，而引导元素（如果有）和主体元素应相同。

示例 3-9：

GB/T 14××8.1　低压开关设备和控制设备　第 1 部分：总则

GB/T 14××8.2　低压开关设备和控制设备　第 2 部分：断路器

3.9.2　章

章是文件层次划分的基本单元。应使用从 1 开始的阿拉伯数字对章编号。章编号应从范围开始，一直连续到附录之前。每一章均应有章标题，并应置于编号之后。

3.9.3　条

条是章内有编号的细分层次。条可以进一步细分，细分层次不宜过多，最多可分到第五个层次。一个层次中有一个以上的条时才可设条，例如第 10 章中，如果没有 10.2，就不必设立 10.1。

条编号应使用阿拉伯数字并用下脚点与章编号或上一层次的条编号相隔。层次编号见 GB/T 1.1—2020 中附录 A 给出的编号示例。

第一个层次的条宜给出条标题，并应置于编号之后。第二个层次的条可同样处理。某一章或条中，其下一个层次上的各条，有无标题应一致。例如 3.8.2 的下一个层次，如果 3.8.2.1 给出了标题，则 3.8.2.2、3.8.2.3 等也需要给出标题，或者反之，该层次的条都不给出标题。

在无标题条的首句中可使用黑体字突出关键术语或短语，以便强调各条的主题（见 3.9.3 节中的黑体字）。某一章或条中的下一个层次上的无标题条，有无突出的关键术语或短语应一致。无标题条不应再分条。

3.9.4　段

段是章或条内没有编号的细分层次。为了不在引用时产生混淆，不宜在章标题与条之间或条标题与下一个层次条之间设段（称为"悬置段"）。

注意："术语和定义""符号和缩略语"中的引导语以及"重要提示"不是悬置段。

如下面左侧所示，按照章条的隶属关系，第 5 章不仅包括所标出的"悬置段"，还包括 5.1 和 5.2。在这种情况下，引用这些悬置段时有可能发生混淆。避免混淆的方法之一是将悬置段改为条。如下面右侧所示：将左侧的悬置段编号并加标题"5.1　通用要求"（也可给出其他适当的标题），并且将左侧的 5.1 和 5.2 重新编号，依次改为 5.2 和 5.3。避免混淆还有其他方法，如将悬置段移到别处或删除。

不　正　确	正　确
5　要求 ××××××××××××××　} ×××××××××××××× }　悬置段 ×××××××××××× } 5.1　×××××××× ×××××××××××××× 5.2　××××××× ×××××××××××××× ×××××××××××××× ×××××××××××××× ×××××××××××××× ×××××××××××××× 6　试验方法	5　要求 5.1　通用要求 ×××××××××××××× ×××××××××××××× ×××××××××××××× 5.2　×××× ×××××××××××××× 5.3　××××××× ×××××××××××××× ×××××××××××××× ×××××××××××××× 6　试验方法

3.9.5 列项

列项是段中的子层次，用于强调细分的并列各项中的内容。列项应由引语和被引出并列的各项组成。列项的具体形式有以下两种：

（1）后跟句号的完整句子引出后跟句号的各项（见示例 3-10）；

（2）后跟冒号的文字引出后跟分号（见示例 3-11）或逗号（见示例 3-12）的各项。

列项的最后一项均由句号结束。

示例 3-10：

导向要素中图形符号与箭头的位置关系需要符合下列规则。

a）当导向信息元素横向排列，并且箭头指：

1）左向（含左上、左下），图形符号应位于右侧；

2）右向（含右上、右下），图形符号应位于左侧；

3）上向或下向，图形符号宜位于右侧。

b）当导向信息元素纵向排列，并且箭头指：

1）下向（含左下、右下），图形符号应位于上方；

2）其他方向，图形符号宜位于下方。

示例 3-11：

下列仪器不需要开关：

——正常操作条件下，功耗不超过 10 W 的仪器；

——任何故障条件下使用 2 min，测得功耗不超过 50 W 的仪器；

——连续运转的仪器。

示例 3-12：

仪器中的振动可能产生于：

——转动部件的不平衡，

——机座的轻微变形，

——滚动轴承，

——气动负载。

列项可以进一步细分为分项，这种细分不宜超过两个层次。

在列项的各项之前应标明列项符号或列项编号。列项符号为破折号（——）或间隔号（•）；列项编号为字母编号（后带半圆括号的小写拉丁字母，如 a)、b) 等）或数字编号（后带半圆括号的阿拉伯数字，如 1)、2) 等）。

通常在第一个层次列项的各项之前使用破折号（——），第二个层次列项的各项之前使用间隔号（•）。列项中的各项如果需要识别或表明先后顺序，在第一个层次列项的各项之前使用字母编号。在使用字母编号的列项中，如果需要对某一项进一步细分，根据需要可在各分项之前使用间隔号或数字编号。

可使用黑体字突出列项中的关键术语或短语，以便强调各项的主题（见 3.10.3 节中的黑体字）。

3.10 要素的编写

3.10.1 封面

封面这一要素用来标明文件的信息。

在封面中应标明以下必备信息：文件名称、文件的层次或类别（如"中华人民共和国国家标准""中华人民共和国国家标准化指导性技术文件"等字样）、文件代号（如"GB"）、文件编号、国际标准分类（ICS）号、中国标准文献分类（CCS）号、发布日期、实施日期、发布机构等。

如果文件代替了一个或多个文件，则在封面中应标明被代替文件的编号。当被代替文件较多时，被代替文件编号不应超过一行。如果文件与国际文件有一致性对应关系，那么在封面中应标识一致性程度标识。

注意：如果在封面中不能用一行给出所有被代替文件的编号，那么在前言中说明文件代替其他文件的情况时给出。

国家标准、行业标准的封面还应标明文件名称的英文译名；行业标准、地方标准的封面还应标明备案号。

在文件征求意见稿和送审稿的封面显著位置，应按照规定给出征集文件是否涉及专利的信息。

3.10.2　目次

目次这一要素用来呈现文件的结构。为了方便查阅文件内容，通常有必要设置目次。根据所形成的文件的具体情况，应依次对下列内容建立目次列表：

（1）前言。

（2）引言。

（3）章编号和标题。

（4）条编号和标题（需要时列出）。

（5）附录编号、"（规范性）"/"（资料性）"和标题。

（6）附录条编号和标题（需要时列出）。

（7）参考文献。

（8）索引。

（9）图编号和图题（含附录中的，需要时列出）。

（10）表编号和表题（含附录中的，需要时列出）。

上述各项内容后还应给出其所在的页码。在目次中不应列出"术语和定义"中的条目编号和术语。电子文本的目次宜自动生成。

3.10.3　前言

前言这一要素用来给出诸如文件起草依据的其他文件、与其他文件的关系和编制、起草者的基本信息等文件自身内容之外的信息。前言不应包含要求、指示、推荐或允许型条款，也不应使用图、表或数学公式等表述形式。前言不应给出章编号且不分条。

根据所形成的文件的具体情况，在前言中应依次给出下列适当的内容。

（1）文件起草所依据的**标准**。具体表述为"本文件按照 GB/T 1.1—201×《标准化工作导则 第 1 部分：标准化文件的结构和起草规则》的规定起草。"

（2）文件与其他**文件的关系**。需要说明以下两方面的内容：

① 与其他标准的关系。

② 分为部分的文件的每个部分说明其所属的部分并列出所有已经发布的部分的名称。

（3）文件与**代替文件的关系**。需要说明以下两方面的内容：

① 给出被代替、废止的所有文件的编号和名称。

② 列出与前一版本相比的主要技术变化。

（4）文件与**国际文件关系**的说明。GB/T 20000.2 规定了与国际文件存在着一致性对应关系的我国文件，在前言中应陈述相关信息。

（5）有关专利的说明。专利中规定了尚未识别出文件的内容涉及专利时，在前言中需要给出相关内容。

（6）文件的**提出**信息（可省略）和归口信息。对于由全国专业标准化技术委员会提出或归口的文件，应在相应技术委员会名称之后给出其国内代号，使用下列适当的表述形式：

①"本文件由全国××××标准化技术委员会（SAC/TC ××××）提出。"

②"本文件由××××提出。"

③"本文件由全国××××标准化技术委员会（SAC/TC ××××）归口。"

④"本文件由××××归口。"

（7）文件的起草单位和主要起草人，使用下列表述形式：

①"本文件起草单位：……。"

②"本文件主要起草人：……。"

（8）文件及其所代替或废止的文件的**历次版本**发布情况。

3.10.4　引言

引言这一要素用来说明与文件自身内容相关的信息，不应包含要求型条款。文件的某些内容涉及了专利，或者分为部分的文件的每个部分均应设置引言。引言不应给出章编号。当引言的内容需要分条时，应仅对条编号，编为 0.1、0.2 等。

在引言中通常给出下列背景信息：

（1）编制该文件的原因、目的、分为部分的原因以及各部分之间关系（见 3.7.2 节）等事项的说明。

（2）文件技术内容的特殊信息或说明。

如果编制过程中已经识别出文件的某些内容涉及专利，则应按照规定给出有关内容。如果需要给出有关专利的内容较多时，则可将相关内容移作附录。

3.10.5　范围

范围这一要素用来界定文件的标准化对象和所覆盖的各个方面，并指明文件的适用界限。必要时，范围宜指出那些通常被认为文件可能覆盖，但实际上并不涉及的内容。分为部分的文件的各个部分，其范围只应界定各自部分的标准化对象和所覆盖的各个方面。

适用界限指文件（而不是标准化对象）适用的领域和使用者。

该要素应设置为文件的第 1 章，如果确有必要，可以进一步细分为条。

范围的陈述应简洁，以便能作为内容提要使用。在范围中不应陈述可在引言中给出的背景信息（见 3.10.4 节）。范围应表述为一系列事实的陈述，使用陈述型条款，不应包含要求、指示、推荐和允许型条款。

范围的陈述应使用下列适当的表述形式：

（1）"本文件规定了……的要求/特性/尺寸/指示"。

（2）"本文件确立了……的程序/体系/系统/总体原则"。

（3）"本文件描述了……的方法/路径"。

（4）"本文件提供了……的指导/指南/建议"。

（5）"本文件给出了……的信息/说明"。

（6）"本文件界定了……的术语/符号/界限"。

文件适用界限的陈述应使用下列适当的表述形式：

（1）"本文件适用于……"。

（2）"本文件不适用于……"。

3.10.6　规范性引用文件

3.10.6.1　界定和构成

规范性引用文件这一要素用来列出文件中规范性引用的文件，由引导语和文件清单构成。该要素应设置为文件的第2章，且不应分条。

3.10.6.2　引导语

规范性引用文件清单应由以下引导语引出：

"下列文件中的内容通过文中的规范性引用而构成本文件必不可少的条款。其中，注日期的引用文件，仅该日期对应的版本适用于本文件；不注日期的引用文件，其最新版本（包括所有的修改单）适用于本文件。"

注意：对于不注日期的引用文件，如果最新版本未包含所引用的内容，那么包含了所引用内容的最后版本适用。

如果不存在规范性引用文件，应在章标题下给出"本文件没有规范性引用文件。"

3.10.6.3　文件清单

文件清单应列出该文件中规范性引用的每个文件，列出的文件之前不给出序号。根据文件中引用文件的具体情况，文件清单应选择列出下列相应的内容：

（1）注日期的引用文件，给出"文件代号、顺序号及发布年份号和/或月份号"以及"文件名称"。

（2）不注日期的引用文件，给出"文件代号、顺序号"以及"文件名称"。

（3）不注日期引用文件的所有部分，给出"文件代号、顺序号"和"（所有部分）"，以及文件名称中的"引导元素（如果有）和主体元素"。

（4）引用国际文件、国外其他出版物，给出"文件编号"或"文件代号、顺序号"，以及"原文名称的中文译名"，并在其后的圆括号中给出原文名称。

列出标准化文件之外的其他引用文件和信息资源（印刷的、电子的或其他方式的），应遵守 GB/T 7714 中的相关规则。

根据文件中引用文件的具体情况，文件清单列出的引用文件的排列顺序为：国家标准化文件，行业标准化文件，本行政区域的地方标准化文件（仅适用于地方标准化文件的起草），团体标准化文件，ISO、ISO/IEC 或 IEC 标准化文件，其他机构或组织的标准化文件，其他文献。

其中，国家标准、ISO 或 IEC 标准按文件顺序号排列；行业标准、地方标准、团体标准、其他国际标准化文件先按文件代号的拉丁字母和/或阿拉伯数字的顺序排列，再按文件顺序号排列。

3.10.7　术语和定义

3.10.7.1　界定和构成

术语和定义这一要素用来界定为理解文件中某些术语所必需的定义，由引导语和术语条目构成。该要素应设置为文件的第 3 章，为了表示概念的分类可以细分为条，每条应给出条标题。

3.10.7.2　引导语

根据列出的术语和定义以及引用其他文件的具体情况，术语条目应分别由下列适当的引导语引出：

（1）"下列术语和定义适用于本文件。"（如果仅该要素界定的术语和定义适用时）。

（2）"……界定的术语和定义适用于本文件。"（如果仅其他文件中界定的术语和定义适用时）。

（3）"……界定的以及下列术语和定义适用于本文件。"（如果其他文件以及该要素界定的术语和定义适用时）。

如果没有需要界定的术语和定义，应在章标题下给出"本文件没有需要界定的术语和定义。"

3.10.7.3 术语条目

（1）通则。

术语条目宜按照概念层级来进行分类和编排，如果无法或无须分类，则可按术语的汉语拼音字母顺序编排。术语条目的排列顺序由术语的条目编号来明确。条目编号应在章或条编号之后使用下脚点加阿拉伯数字的形式。

术语的条目编号不是条编号。

每个术语条目应包括四项内容：条目编号、术语、英文对应词、定义。还可以根据需要增加其他内容，按照包含的具体内容，在术语条目中应依次给出：条目编号，术语，英文对应词，符号，术语的定义，概念的其他表述形式（如图、数学公式等），示例，注，来源等。

其中，符号如果来自于国际权威组织，则应在该符号后同一行的方括号中标出该组织的名称或缩略语；图和数学公式是定义的辅助形式；注给出了补充术语条目内容的附加信息，例如，与适用于量的单位有关的信息。

术语条目不应编排成表的形式，它的任何内容均不准许插入脚注。

（2）需定义术语的选择。术语和定义这一要素中界定的术语应同时符合下列条件：

① 文件中至少使用两次。

② 专业的使用者在不同语境中理解不一致。

③ 尚无定义或需要改写已有定义。

④ 属于文件范围所限定的领域内。

如果文件中使用了文件的范围所限定的领域之外的术语，则可在条文的注中说明其含义，不宜界定其他领域的术语和定义。

术语和定义中宜尽可能界定表示一般概念的术语，而不界定表示具体概念的组合术语。例如，当具体概念"自驾游基础设施"等同于"自驾游"和"基础设施"两个一般概念之和时，分别定义术语"自驾游"和"基础设施"即可，不必定义"自驾游基础设施"。

注意：表达具体概念的术语通常可由表达一般概念的术语组合而成。

（3）定义。定义的表述宜能在上下文中代替其术语。定义宜采取内涵定义的形式，其优选结构为"定义=用于区分所定义的概念同其他并列概念间的区别特征+上位概念"。

定义中如果包含了其所在文件的术语条目中已定义的术语，则可在该术语之后的括号中给出对应的条目编号，以便提示参看相应的术语条目。

定义应使用陈述型条款，既不应包含要求型条款，也不应写成要求的形式。附加信息应以示例或注的表述形式给出。

（4）来源。在特殊情况下，如果确有必要抄录其他文件中的少量术语条目，则应在抄录的术语条目之下准确地标明来源。当需要改写所抄录的术语条目中的定义时，应在标明来源处予以指明。具体方法为：在方括号中写明"来源：文件编号，条目编号，有修改"。

3.10.8　符号和缩略语

3.10.8.1　界定和构成

符号和缩略语这一要素用来给出为理解文件所必需的、文件中使用的符号和缩略语的说明或定义，由引导语和带有说明的符号和/或缩略语清单构成。如果需要设置符号或缩略语，宜作为文件的第 4 章。如果为了反映技术准则，符号需要以特定次序列出，那么该要素可以细分为条，每条应给出条标题。根据编写的需要，该要素可并入"术语和定义"。

3.10.8.2　引导语

根据列出的符号、缩略语的具体情况，符号和/或缩略语清单应分别由下列适当的引导语引出：

（1）"下列符号适用于本文件。"（如果该要素列出的符号适用时）。

（2）"下列缩略语适用于本文件。"（如果该要素列出的缩略语适用时）。

（3）"下列符号和缩略语适用于本文件。"（如果该要素列出的符号和缩略语适用时）。

3.10.8.3　清单和说明

无论该要素是否分条，清单中的符号和缩略语之前均不给出序号，且宜按下列规则以字母顺序列出：

（1）大写拉丁字母置于小写拉丁字母之前（A、a、B、b 等）；

（2）无角标的字母置于有角标的字母之前，有字母角标的字母置于有数字角标的字母之前（B、b、C、C_m、C_2、c、d、d_{ext}、d_{int}、d_1 等）；

（3）希腊字母置于拉丁字母之后（Z、z、A、α、B、β、…、Λ、λ等）；

（4）其他特殊符号置于最后。

符号和缩略语的说明或定义宜使用陈述型条款，不应包含要求和推荐型条款。

3.10.9　分类和编码/系统构成

分类和编码这一要素用来给出针对标准化对象的划分，以及对分类结果的命名或编码，以便在文件核心技术要素中针对标准化对象的细分类别做出规定。分类和编码通常涉及"分类和命名""编码和代码"等内容。

对于系统标准，通常包含系统构成这一要素。该要素用来确立构成系统的分系统，或进一步的组成单元。系统标准的核心技术要素将包含针对分系统或组成单元做出规定的内容。

分类和编码/系统构成通常使用陈述型条款。根据编写的需要，该要素可与规范、规程或指南标准中的核心技术要素的有关内容合并，在一个复合标题下形成相关内容。

3.10.10　总体原则和/或总体要求

总体原则这一要素用来规定为达到编制目的需要依据的方向性的总框架或准则。文件中随后各要素中的条款或者需要符合或者具体落实这些原则，从而实现文件编制目的。总体要求这一要素用来规定涉及整体文件或随后多个要素均需要规定的要求。

文件中如果涉及了总体原则/总则/原则，或总体要求的内容，宜设置总体原则/总则/原则，或总体要求。总体原则/总则/原则应使用陈述或推荐型条款，不应包含要求型条款。总体要求应使用要求型条款。

3.10.11　核心技术要素

核心技术要素是各种功能类型标准的标志性要素，是表述标准特定功能的要素。标准功能类型不同，其核心技术要素就会不同，表述核心要素使用的条款类型也会不同。各种功能类型标准的核心技术要素以及所使用的条款类型应符合表 3-4 的规定。各种功能类型标准的核心技术要素的具体编写应遵守 GB/T 20001（系列标准）的规定。

表 3-4 各种功能类型标准的核心技术要素以及所使用的条款类型

标准功能类型	核心技术要素	使用的条款类型
术语标准	术语条目	界定术语的定义使用陈述型条款
符号标准	符号/标志及其含义	界定符号或标志的含义使用陈述型条款
分类标准	分类和/或编码	陈述、要求型条款
试验标准	试验步骤	指示、要求型条款
	试验数据处理	陈述、指示型条款
规范标准	要求	要求型条款
	证实方法	指示、陈述型条款
规程标准	程序确立	陈述型条款
	程序指示	指示、要求型条款
	追溯/证实方法	指示、陈述型条款
指南标准	需考虑的因素	推荐、陈述型条款

注：如果标准化指导性技术文件具有与表中规范标准、规程标准相同的核心技术要素及条款类型，那么该标准化指导性技术文件为规范类或规程类。

3.10.12 其他技术要素

根据具体情况，文件中还可设置其他技术要素，如试验条件、仪器设备、取样、标志、标签和包装、标准化项目标记、计算方法等。如果涉及有关标准化项目标记的内容，应符合 GB/T 1.1—2020 附录 B 的规定。

3.10.13 参考文献

参考文献这一要素用来列出文件中资料性引用的文件清单，以及其他信息资源清单，如起草文件时参考过的文件，以供参阅。

如果需要设置参考文献，应置于最后一个附录之后。文件中有资料性引用的文件，应设置该要素。该要素不应分条，列出的清单可以通过描述性的标题进行分组，标题不应编号。

清单中应列出该文件中资料性引用的每个文件。每个列出的参考文件或信息资源前应在方括号中给出序号。清单中所列内容及其排列顺序，以及在线文献的列出方式均应符合相关规定，其中列出的国际文件、国外文件不必给出中文译名。

3.10.14　索引

索引这一要素用来给出通过关键词检索文件内容的途径。如果为了方便文件使用者而需要设置索引，那么索引应作为文件的最后一个要素。

索引要素由索引项形成的索引列表构成。索引项以文件中的"关键词"作为索引标目，同时给出文件的规范性要素中对应的章、条、附录和/或图、表的编号。索引项通常以关键词的汉语拼音字母顺序编排。为了便于检索可在关键词的汉语拼音首字母相同的索引项之上标出相应的字母。

电子文本的索引宜自动生成。

3.11　要素的表述

3.11.1　条款

条款类型分为：要求、指示、推荐、允许和陈述。条款可包含在规范性要素的条文、图表脚注、图与图题之间的段或表内的段中。

条款类型的表述应使得文件使用者在声明其产品/系统、过程或服务符合文件时，能够清晰地识别出需要满足的要求或执行的指示，并能够将这些要求或指示与其他可选择的条款（例如推荐、允许或陈述）区分开来。

3.11.2　附加信息

附加信息的表述形式包括：示例、注、脚注、图表脚注，以及"规范性引用文件"和"参考文献"中的文件清单和信息资源清单、"目次"中的目次列表和"索引"中的索引列表等。除了图表脚注之外，它们宜表述为对事实的陈述，不应包含要求或指示型条款，也不应包含推荐或允许型条款。

如果在示例中包含要求、指示、推荐或允许型条款是为了提供与这些表述有关的例子，那么不视为不符合上述规定。通常将这样的示例内容置于线框内（见 3.11.10 节）。

3.11.3　通用内容

文件中某章/条的通用内容宜作为该章/条中最前面的一条。根据具体的内容，可用"通用要求""通则""概述"作为条标题。

通用要求用来规定某章/条中涉及多条的要求，均应使用要求型条款。通则用来规定与某章/条的共性内容相关的或涉及多条的内容，使用的条款中应至少包含要求型条款，还可包含其他类型的条款。概述用来给出与某章/条内容有关的陈述或说明，应使用陈述型条款，不应包含要求、指示或推荐型条款。除非确有必要通常不设置"概述"。

3.11.4　条文

3.11.4.1　汉字和标点符号

文件中使用的汉字应为规范汉字，使用的标点符号应符合 GB/T 15834 的规定。

3.11.4.2　常用词的使用

遵守和符合用于不同的情形的表述。遵守用于在实现符合性过程中涉及的人员或组织采取的行动的条款。符合用于规定产品/系统、过程或服务特性符合文件或其要求的条款，即需要"人"做到的用"遵守"，需要"物"达到的用"符合"。

示例 3-13：

洗涤物的含水率应符合表×中的规定。

示例 3-14：

文件的起草和表述应遵守……的规定。

"尽可能"、"尽量"、"考虑"（"优先考虑"、"充分考虑"）以及"避免"、"慎重"等词语不应该与"应"一起使用表示要求，建议与"宜"一起使用表示推荐。

"通常""一般""原则上"不应该与"应""不应"一起使用表示要求，可与"宜""不宜"一起使用表示推荐。

可使用"……情况下应……""只有/仅在……时，才应……""根据……情况，应……""除非……特殊情况，不应……"等表示有前提条件的要求。前提条件应是清楚、明确的。

示例 3-15：

探测器持续工作时间不应短于 40 h，且在持续工作期间不做任何调整的<u>情况下应</u>符合 4.1.2 的要求。

示例 3-16：

<u>只有</u>文件中多次使用并需要说明某符号或缩略语时，<u>才应</u>列出该符号或缩略语。

示例 3-17：

<u>根据</u>所形成的文件的具体<u>情况</u>，<u>应</u>依次对下列内容建立目次列表。

3.11.4.3 全称、简称和缩略语

文件中应仅使用组织机构正在使用的全称和简称（或原文缩写）。如果在文件中某个词语或短语需要使用简称，那么在正文中第一次使用该词语或短语时，应在其后的圆括号中给出简称，以后则应使用该简称。

示例 3-18：

……公共信息图形符号（以下简称"图形符号"）。

如果文件中未给出缩略语清单，但需要使用拉丁字母组成的缩略语，那么在正文中第一次使用时，应给出缩略语对应的中文词语或解释，并将缩略语置于其后的圆括号中，以后则应使用缩略语。

拉丁字母组成的缩略语的使用宜慎重，只有在不引起混淆的情况下才可使用。

缩略语宜由大写拉丁字母组成，每个字母后面没有下脚点（如 DNA）。由于历史或技术原因，个别情况下约定俗成的缩略语使用不同的方式书写。

3.11.4.4 数和数值的表示

表示物理量的数值，应使用后跟法定计量单位符号的阿拉伯数字。数字的用法应遵守 GB/T 15835 的规定。符号叉（×）应该用于表示以小数形式写作的数和数值的乘积、向量积和笛卡儿积。

示例 3-19：

$$l = 2.5 \times 10^3 \ \text{m}$$

示例 3-20：

$$\vec{I}_G = \vec{I}_1 \times \vec{I}_2$$

符号居中圆点（·）应该用于表示向量的无向积和类似的情况，还可用于表示标量的乘积及组合单位。

示例 3-21：

$$U = R \cdot I$$

示例 3-22：

$$\text{rad} \cdot \text{m}^2 / \text{kg}$$

在一些情况下，乘号可省略。

示例 3-23：

$$4c - 5d, \qquad 6ab, \qquad 7(a+b), \qquad 3\ln 2$$

GB/T 3102.11 给出了数字乘法符号的概览。

诸如 $\dfrac{V}{\text{km/h}}$、$\dfrac{l}{\text{m}}$ 和 $\dfrac{t}{\text{s}}$ 或 $v/(\text{km/h})$、l/m 和 t/s 之类的数值表示法适用于图的坐标轴和表的表头栏中。

3.11.4.5　尺寸和公差

尺寸应以无歧义的方式表示。

示例 3-24：

$$80 \text{ mm} \times 25 \text{ mm} \times 50 \text{ mm} \ [\text{不写作 } 80 \times 25 \times 50 \text{ mm 或}(80 \times 25 \times 50) \text{ mm}]$$

公差应以无歧义的方式表示，通常使用最大值、最小值、带有公差的值（见示例 3-25 到示例 3-27）或量的范围值（见示例 3-28 和示例 3-29）表示。

示例 3-25：

$$80 \text{ }\mu\text{F} \pm 2 \text{ }\mu\text{F} \text{ 或（}80 \pm 2\text{）}\mu\text{F（不写作 } 80 \pm 2 \text{ }\mu\text{F）}$$

示例 3-26：

$$80 {}_{0}^{+2} \, mm（不写作 80 {}_{-0}^{+2} \, mm）$$

示例 3-27：

$$80 \, mm {}_{-25}^{+50} \, \mu m$$

示例 3-28：

$$10 \, kPa \sim 12 \, kPa（不写作 10 \sim 12 \, kPa）$$

示例 3-29：

$$0℃ \sim 10℃（不写作 0 \sim 10℃）$$

为了避免误解，百分率的公差应以正确的数学形式表示（见示例 3-30 和示例 3-31）。

示例 3-30：

用 "63% ~ 67%" 表示范围

示例 3-31：

用 "(65 ± 2)%" 表示带有公差的值（不写作 "65 ± 2%" 或 "65 % ± 2 %" 的形式）

平面角宜用单位度（°）表示，例如，写作 17.25°。

3.11.4.6　数值的选择

（1）极限值。对于某些用途，有必要规定极限值（最大值/最小值）。通常，一个特性规定一个极限值，但有多个广泛使用的类别或等级时，则需要规定多个极限值。

（2）选择值。对于某些目的，特别是品种控制和接口的目的，可选择多个数值或数系。适用时，应按照 GB/T 321（进一步的指南见 GB/T 19763 和 GB/T 19764）给出的优先数系，或按照模数制或其他决定性因素选择数值或数系。对于电工领域，IEC 指南 103 给出了推荐使用的尺寸量纲制。

当试图对一个拟定的数系进行标准化时，应检查是否有现成的被广泛接受的数系。在选择优先数系时，宜注意非整数（如 3.15）有时可能带来不便或规定了不必要的高精度。在这种情况下，需要对非整数进行修约（见 GB/T 19764）。宜避免由于一个文件中同时包含了精确值和修约值，而导致不同的文件使用者选择不同的值。

3.11.4.7　量、单位及其符号

文件中使用的量、单位及其符号应从 GB/T 3101、GB/T 3102（所有部分）、ISO 80000（所有部分）、IEC 80000（所有部分）、GB/T 14559、IEC 60027（所有部分）中选择并符合其规定。进一步的使用规则见 GB 3100。

3.11.5　引用和提示

3.11.5.1　用法

在起草文件时，如果有些内容已经包含在现行有效的其他文件中并且适用，或者包含在文件自身的其他条款中，那么应通过提及文件编号和/或文件内容编号的表述形式，引用、提示而不抄录所需要的内容。这样可以避免重复造成文件间或文件内部的不协调、文件篇幅过大以及抄录错误等。

对于在线引用文件，应提供足以识别和定位来源的信息。为确保可追溯性，宜提供所引用文件的第一手来源。信息应包括访问引用文件的方法和完整的网址，并与来源中给出的标点符号和大小写字母相同（见 GB/T 7714、ISO 690）。

注意：在文件修订时需要确认所有引用文件的有效性。

3.11.5.2　文件自身的称谓

在文件中需要称呼文件自身时应使用的表述形式为 "本文件……"（包括标准、标准的某个部分、标准化指导性技术文件）。

如果分为部分的文件中的某个部分需要称呼其所在文件的所有部分时，那么表述形式应为 "GB/T ×××××"。

3.11.5.3　提及文件具体内容

凡是需要提及文件具体内容时，不应提及页码，而应提及文件内容的编号，例如：

（1）章或条表述为 "第 4 章""5.2""9.3.3 b）""A.1"。

（2）附录表述为 "附录 C"。

（3）图或表表述为 "图 1""表 2"。

（4）数学公式表述为 "公式（3）""10.1 中的公式（5）"。

3.11.5.4 引用其他文件

（1）注日期或不注日期引用。

① 注日期引用。注日期引用意味着被引用文件的指定版本适用。凡不能确定是否能够接受被引用文件将来的所有变化，或者提及了被引用文件中的具体章、条、图、表或附录的编号，均应注日期。

注日期引用的表述应指明年份。具体表述时应提及文件编号，包括"文件代号、顺序号及发布年份号"，当引用同一个日历年发布不止一个版本的文件时，应指明年份和月份；当引用了文件具体内容时应提及内容编号。

示例 3-32：

> "……按 GB/T ×××××—2011 描述的……"（注日期引用其他文件）。
>
> "……履行 GB/T ×××××—2009 第 5 章确立的程序……"（注日期引用其他文件中具体的章）。
>
> "……按照 GB/T ×××××.1—2016 中 5.2 规定的……"（注日期引用其他文件中具体的条）。
>
> "……遵守 GB/T ×××××—2015 中 4.1 第二段规定的要求……"（注日期引用其他文件中具体的段）。
>
> "……符合 GB/T ×××××—2013 中 6.3 列项的第二项规定的……"（注日期引用其他文件中具体的列项）。
>
> "……使用 GB/T ×××××.1—2012 表 1 中界定的符号……"（注日期引用其他文件中具体的表）。

对于注日期引用，如果随后发布了被引用文件的修改单或修订版，那么有必要评估是否需要更新原引用的文件。如果需要，则可以发布引用那些文件的文件自身的修改单，以便更新引用的文件。

② 不注日期引用。不注日期引用意味着被引用文件的最新版本（包括所有的修改单）适用。只有能够接受所引用内容将来的所有变化（尤其对于规范性引用），并且引用了完整的文件，或者未提及被引用文件具体内容的编号，才可不注日期。

不注日期引用的表述不应指明年份。具体表述时只应提及"文件代号和顺序号"，当引用一个文件的所有部分时，应在文件顺序号之后标明"（所有部分）"。

示例 3-33：

……按照 GB/T ××××确定的……。

……符合 GB/T ××××（所有部分）中的规定。

如果不注日期引用属于需要引用被引用文件的具体内容，但未提及具体内容编号的情况，可在脚注中提及所涉及的现行文件的章、条、图、表或附录的编号。

（2）规范性或资料性引用。

① 规范性引用。规范性引用的文件内容构成了引用它的文件中必不可少的条款。在文件中，规范性引用与资料性引用的表述应明确区分，以下表述形式属于规范性引用：

（a）任何文件中，由要求型或指示型条款提及文件。

（b）规范标准中，由"按"或"按照"提及试验方法类文件。

示例 3-34：

"甲醛含量按 GB/T 2912.1—2009 描述的方法测定，应不大于 20 mg/kg"，其中的 GB/T 2912.1—2009 为规范性引用的文件。

（c）指南标准中，由推荐型条款提及文件。

（d）任何文件中，在"术语和定义"中由引导语提及文件。

文件中所有规范性引用的文件，无论注日期，还是不注日期，均应在要素"规范性引用文件"中列出。

② 资料性引用。资料性引用的文件内容构成了有助于引用它的文件的理解或使用的附加信息。在文件中，凡由规范性引用之外的表述形式提及文件均属于资料性引用。

示例 3-35：

"……的信息见 GB/T ××××。

GB/T ××××给出了……。

如果确有必要，可资料性提及法律法规，或者可通过包含"必须"的陈述，指出由法律法规要求形成的对文件使用者的约束或义务（外部约束）。表述外部约束时提及的法律法规并不是文件自身规定的条款，属于资料性引用的文件，通常宜与文件的条款分条表述。

示例 3-36：

······强制认证标志的使用见《······管理办法》。

示例 3-37：

依据······法律规定，在这些环境中必须穿戴不透明的护目用具（用"必须"指出外部约束）。

文件中所有资料性引用的文件，均应在要素参考文献中列出。

③ 标明来源。在特殊情况下，如果确有必要抄录其他文件中的少量内容，应在抄录的内容之下或之后准确地标明来源，具体方法为：在方括号中写明"来源：文件编号，章/条编号或条目编号"。

示例 3-38：

[来源：GB/T ××××—2015，4.3.5]

④ 被引用文件的限定条件。

被规范性引用的文件应是国家、行业或国际标准化文件。允许规范性引用其他正式发布的标准化文件或其他文献，只要经过正在编制文件的归口标准化技术委员会或审查会议确认待引用的文件符合下列条件：

（a）具有广泛可接受性和权威性。

（b）发布者、出版者（知道时）或作者已经同意该文件被引用，并且当函索时能从作者或出版者那里得到这些文件。

（c）发布者、出版者（知道时）或作者已经同意，将他们修订该文件的打算以及修订所涉及的要点及时通知相关文件的归口标准化技术委员会。

（d）该文件在公平、合理和无歧视的商业条款下可获得。

（e）该文件中所涉及的专利能够按照 GB/T 20003.1 的要求获得许可声明。

起草文件时不应引用：

（a）不能公开获得的文件。

（b）已被代替或废止的文件。

公开获得指任何使用者能够免费获得，或在合理和无歧视的商业条款下能够获得。

起草文件时不应规范性引用法律、行政法规、规章和其他政策性文件，也不应普遍性要求符合法规或政策性文件的条款。诸如"……应符合国家有关法律法规"的表述是不正确的。

不论文件使用者是否声明符合标准，均需要遵守法律法规。

3.11.5.5　提示文件自身的具体内容

（1）规范性提示。需要提示使用者遵守、履行或符合文件自身的具体条款时，应使用适当的能愿动词或句子语气类型以及文件内容的编号。这类提示属于规范性提示。

示例 3-39：

……应符合 7.5.2 中的相关规定。

……按照 5.1 规定的测试程序……

（2）资料性提示。需要提示使用者参看、阅看文件自身的具体内容时，应使用"见"提及文件内容的编号，而不应使用诸如"见上文""见下文"等形式。这类提示属于资料性提示。

示例 3-40：

（见 3.7.2.3）。

……见 3.8.3.2b）。

3.11.6　附录

3.11.6.1　用法

附录用来承接和安置不便在文件正文或前言中表述的内容，是对正文或前言的补充、附加。附录可以使文件的结构更加平衡。附录的内容源自正文或前言中的内容。当文件中的某些规范性要素过长或属于附加条款时，可以将一些细节或附加条款移出，形成规范性附录。当文件中的示例、信息说明或数据等过多时，可以将其移出，形成资料性附录。

规范性附录给出了正文的补充或附加条款；资料性附录给出了有助于理解或使用文件的附加信息。附录的规范性或资料性的作用应在目次中和附录编号之下标明，并且在将正文或前言的内容移到附录之处时还应通过使用适当的表述形式予以指明，同时提及该附录的编号。

凡在文件中使用下列表述形式指明的附录属于规范性附录：

（1）在任何文件中，由要求型条款或指示型条款指明的附录。

（2）在指南标准中，由推荐型条款指明的附录。

（3）在规范标准中，由"按"或"按照"指明的试验方法附录。

示例 3-41：

……应符合附录 A 的规定。

其他表述形式指明的附录都属于资料性附录。

3.11.6.2　附录的位置、编号和标题

附录应位于正文之后、参考文献之前。附录的顺序取决于其被移作附录之前所处位置的前后顺序。

每个附录均应有附录编号。附录编号由"附录"和随后表明顺序的大写拉丁字母组成，字母从 A 开始，例如"附录 A""附录 B"等。只有一个附录时，仍应给出附录编号"附录 A"。附录编号之下应标明附录的作用，即"（规范性）"或"（资料性）"，再下方为附录标题。

3.11.6.3　附录的细分

附录可以分为条，条还可以细分。每个附录中的条、图、表和数学公式的编号均应重新从 1 开始，应在阿拉伯数字编号之前加上表明附录顺序的大写拉丁字母，字母后跟下脚点。例如附录 A 中的条用 A.1、A.1.1、A.1.2、…、A.2…表示；图用图 A.1、图 A.2、…、表示；表用表 A.1、表 A.2…表示；数学公式用（A.1）、（A.2）…表示。

附录中不准许设置"范围""规范性引用文件""术语和定义"等内容。

3.11.7　图

3.11.7.1　用法

图是文件内容的图形化表述形式。当用图呈现比使用文字更便于理解相关的内容时，宜使用图。如果图不可能使用线图来表示，则可使用图片和其他媒介。

在将文件内容图形化之处应通过使用适当的能愿动词或句子语气类型指明该图所表示的条款类型，并同时提及该图的图编号。

示例 3-42：

……的结构应与图 2 相符合。

示例 3-43：

……的循环过程见图 3。

文件中各类图形的绘制需要遵守相应的规则。以下列出了有关的国家标准：

（1）机械工程制图：GB/T 1182、GB/T 4458.1、GB/T 4458.6、GB/T 14691（所有部分）、GB/T 17450、ISO 128-30、ISO 128-40、ISO 129（所有部分）。

（2）电路图和接线图：GB/T 5094（所有部分）、GB/T 6988.1、GB/T 16679。

（3）流程图：GB/T 1526。

3.11.7.2　图编号和图题

每幅图均应有编号。图编号由"图"和从 1 开始的阿拉伯数字组成，例如"图 1""图 2"等。只有一幅图时，仍应给出编号"图 1"。图编号从引言开始一直连续到附录之前，并与章、条和表的编号无关。

每幅图宜有图题，文件中的图有无图题应一致。

3.11.7.3　图的转页接排

当某幅图需要转页接排时，随后接排该图的各页上应重复图编号、后接图题（可选）和"（续）"或"（第#页/共*页）"，其中#为该图当前的页面序数，*是该图所占页面的总数，均使用阿拉伯数字。续图均应重复关于单位的陈述。

示例 3-44：

图 3（第 2 页/共 3 页）

3.11.7.4　图中的字母符号、标引序号和标记

（1）字母符号。图中用于表示角度量或线性量的字母符号应符合 GB/T 3102.1 的规定，在必要时，可使用下标来区分特定符号的不同用途。

图中表示各种长度时使用符号系列 l_1、l_2、l_3 等，而不使用诸如 A、B、C 或 a、b、c 等符号。

如果图中所有量的单位均相同，应在图的右上方用一句适当的关于单位的陈述来表示，如单位为毫米。

（2）标引序号和标记。在图中应使用标引序号或图脚注代替文字描述，文字描述的内容在标引序号说明或图脚注中给出。

在曲线图中，坐标轴上的标记不应以标引序号代替，以避免标引序号的数字与坐标轴上数值的数字相混淆。曲线图中的曲线、线条等的标记应以标引序号代替。

在流程图和组织系统图中，允许使用文字描述。

3.11.7.5 图中的注和图脚注

图中的注的规定见 3.11.11 节，图脚注的规定见 3.11.12.2 节。

下面给出了图的示例，包含了关于单位的陈述、长度符号的表示、标引序号说明、图中的段、图中的注、图脚注，以及图编号和图题等。

示例 3-45：

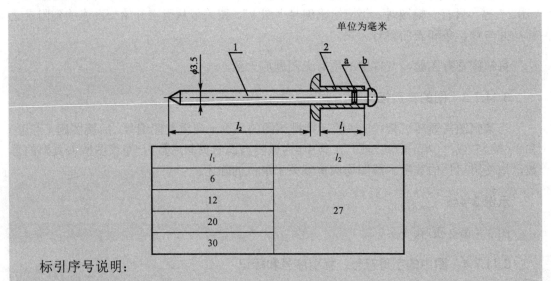

单位为毫米

l_1	l_2
6	
12	27
20	
30	

标引序号说明：

1——钉芯；

2——钉体。

钉芯的设计应保证：在安装时，钉体变形、胀粗，之后钉芯抽断。

注：此图所示为开口型平圆头抽芯铆钉。

^a　断裂槽应滚压成型。

^b　钉芯头的形状和尺寸由制造者确定。

图×　抽芯铆钉

3.11.7.6　分图

分图会使文件的编排和管理变得复杂，只要有可能宜避免使用分图。只有当图的表示或内容的理解特别需要时（如各个分图共用"图题""标引序号说明""段"等内容），才可使用分图。

只准许对图作一个层次的细分。分图应使用后带半圆括号的小写拉丁字母编号，例如图 1 可包含分图 a）、b）等；不应使用其他形式的编号，例如 1.1、1.2…，1-1、1-2…。

如果每个分图中都包含了各自的标引序号说明、图中的注或图脚注，那么应将每个分图调整为单独的图。

示例 3-46：

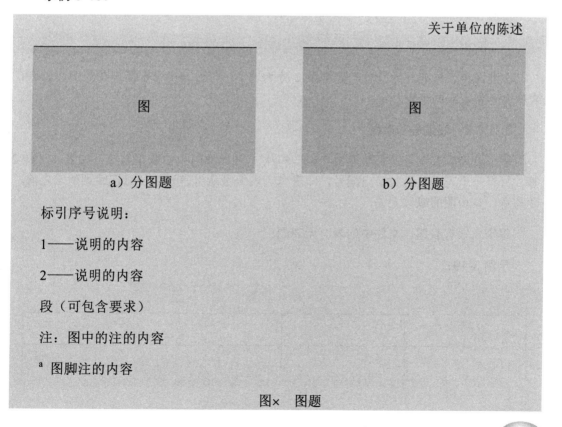

图×　图题

3.11.8　表

3.11.8.1　用法

表是文件内容的表格化表述形式。当用表呈现比使用文字更便于理解相关的内容时，宜使用表。

通常表的表述形式越简单越好，创建几个表格比试图将太多内容整合成为一个表格更好。

在将文件内容表格化之处应通过使用适当的能愿动词或句子语气类型指明该表所表示的条款类型，并同时提及该表的表编号。

示例 3-47：

……的技术特性应符合表 7 给出的特性值。

示例 3-48：

……的相关信息见表 2。

不准许将表再细分为分表，如将表 2 分为表 2a 和表 2b；也不准许在表中套表或在表中含有带表头的子表。

3.11.8.2　表编号和表题

每个表均应有编号。表编号由"表"和从 1 开始的阿拉伯数字组成，如表 1、表 2 等。只有一个表时，仍应给出编号，即表 1。表编号从引言开始一直连续到附录之前，并与章、条和图的编号无关。

每个表宜有表题，文件中的表有无表题应一致。

示例 3-49：

表× 表题			
××××	××××	××××	××××

3.11.8.3　表的转页接排

当某个表需要转页接排，随后接排该表的各页上应重复表编号、后接表题（可选）和"（续）"或"（第#页/共*页）"，其中#为该表当前的页面序数，*是该表所占页面的总数，均使用阿拉伯数字。续表均应重复表头和关于单位的陈述。

示例 3-50：

表 3（第 2 页/共 5 页）

3.11.8.4　表头

每个表应有表头。表头通常位于表的上方，特殊情况下出于表述的需要，也可位于表的左侧边栏。表中各栏/行使用的单位不完全相同时，宜将单位符号置于相应的表头中量的名称之下。

示例 3-51：

类型	线密度/(kg/m)	内圆直径/mm	外圆直径/mm

适用时，表头中可用量和单位的符号表示。需要时，可在指明表的条文中或在表中的注中对相应的符号予以解释。

示例 3-52：

类型	ρ_1/(kg/m)	d/mm	D/mm

如果表中所有量的单位均相同，应在表的右上方用一句适当的关于单位的陈述来代替各栏中的单位符号，如单位为毫米。

示例 3-53：

			单位为毫米
类型	长度	内圆直径	外圆直径

表头中不准许使用斜线。

示例 3-54：

不正确的表头

尺寸 ╲ 类型	A	B	C

示例 3-55：

正确的表头

尺寸	类型		
	A	B	C

3.11.8.5 表中的注和表脚注

表中的注的规定见 3.11.11 节，表脚注的规定见 3.11.12.2 节。

下面给出了表的示例，包含了表编号和表题、关于单位的陈述、表头、表中的段、表中的注和表脚注等。

示例 3-56：

表× 表题

单位为毫米

类型	长度	内圆直径	外圆直径
	l_1^a	d_1	
	l_2	$d_2^{b,c}$	
段（可包含要求型条款）			
注 1：表中的注的内容。			
注 2：表中的注的内容。			
[a] 表脚注的内容。			
[b] 表脚注的内容。			
[c] 表脚注的内容。			

3.11.9　数学公式

3.11.9.1　用法

数学公式是文件内容的一种表述形式，当需要使用符号表示量之间关系时宜使用数学公式。

3.11.9.2　编号

如果需要引用或提示，应使用带圆括号从 1 开始的阿拉伯数字对数学公式编号。

示例 3-57：

$$x^2 + y^2 < z^2 \tag{1}$$

数学公式编号应从引言开始一直连续到附录之前，并与章、条、图和表的编号无关。不准许将数学公式进一步细分，如将公式（2）分为（2a）和（2b）等。

3.11.9.3　表示

数学公式应以正确的数学形式表示。

数学公式通常使用变量关系式表示，变量应由字母符号来代表。除非已经在"符号和缩略语"（见 3.10.8 节）中列出，否则应在数学公式后用"式中："引出对字母符号含义的解释。

示例 3-58：

$$v = \frac{l}{t}$$

式中：

v ——匀速运动质点的速度；

l ——运行距离；

t ——时间间隔。

在特殊情况下，如果数学公式使用了数值关系式，则应解释表示数值的符号，并给出单位。

示例 3-59：

$$v = 3.6 \times \frac{l}{t}$$

式中：

v ——匀速运动质点的速度的数值，单位为千米每小时（km/h）；

l ——运行距离的数值，单位为米（m）；

t ——时间间隔的数值，单位为秒（s）。

在一个文件中，同一个符号不应既表示一个物理量，又表示其对应的数值。例如，在一个文件中既使用示例 3-58 中的数学公式，又使用示例 3-59 中的数学公式，就意味着 1=3.6，这显然不正确。

数学公式不应使用量的名称或描述量的术语表示。量的名称或多字母缩略术语，不论正体或斜体，亦不论是否含有下标，都不应该用来代替量的符号。数学公式中不应使用单位的符号。

示例 3-60：

正确：

$$\rho = \frac{m}{V}$$

不正确：

$$密度 = \frac{质量}{体积}$$

示例 3-61：

正确：

$$\dim (E) = \dim (F) \times \dim (l)$$

式中：

E ——能量；

F ——力；

l ——长度。

不正确：

$$\mathrm{dim}\,(能量) = \mathrm{dim}\,(力) \times \mathrm{dim}\,(长度)$$

或

$$\mathrm{dim}\,(\mathit{能量}) = \mathrm{dim}\,(\mathit{力}) \times \mathrm{dim}\,(\mathit{长度})$$

示例 3-62：

正确：

$$t_i = \sqrt{\dfrac{S_{\mathrm{ME},i}}{S_{\mathrm{MR},i}}}$$

式中：

t_i ——系统 i 的统计量；

$S_{\mathrm{ME},i}$ ——系统 i 的残差均方；

$S_{\mathrm{MR},i}$ ——系统 i 由于回归产生的均方。

不正确：

$$t_i = \sqrt{\dfrac{MSE_i}{MSR_i}}$$

式中：

t_i ——系统 i 的统计量；

MSE_i ——系统 i 的残差均方；

MSR_i ——系统 i 由于回归产生的均方。

一个文件中的同一个符号不宜代表不同的量，可用下标区分表示相关概念的符号。

在文件的条文中，宜避免使用多于一行的表示形式（见示例 3-63）。在数学公式中宜避免使用多于一个层次的上标或下标符号（见示例 3-64），并避免使用多于两行的表示形式（见示例 3-65）。

示例 3-63：

a/b 优于 $\dfrac{a}{b}$。

示例 3-64：

$D_{1,\max}$ 优于 $D_{1_{\max}}$。

示例 3-65：

在数学公式中，使用：

$$\frac{\sin[(N+1)\varphi/2]\sin(N\varphi/2)}{\sin(\varphi/2)} = \cdots$$

而不使用：

$$\frac{\sin\left[\dfrac{(N+1)}{2}\varphi\right]\sin\left(\dfrac{N}{2}\varphi\right)}{\sin\dfrac{\varphi}{2}} = \cdots$$

3.11.10 示例

示例属于附加信息，它通过具体的例子帮助使用者更好地理解或使用文件。示例宜置于所涉及的章或条之下。

在每个章、条或术语条目中，如果只有一个示例，则在示例的具体内容之前应标明"示例："；如果有多个示例，则宜标明示例编号。在同一章（未分条）、条或术语条目中，示例编号均从示例 1 开始，如"示例 1："示例 2："等。

示例不宜单独设章或条。如果示例较多或所占篇幅较大，尤其是作为示例的多个图或多个表，宜以"……示例"为标题形成资料性附录。在这种情况下，不宜每个示例、每个图或每个表均各自编为单独的资料性附录。

如果给出的示例与编排格式有关或者易于与文中的条款相混淆，为了避免这种混淆，可将示例内容置于线框内。

3.11.11　注

注属于附加信息，它只给出有助于理解或使用文件内容的说明。按照注所处的位置，可分为条文中的注、术语条目中的注、图中的注和表中的注。条文中的注宜置于所涉及的章、条或段之下，术语条目的注应置于示例（如有示例）之后，图中的注应置于图题和图脚注之上，表中的注应置于表内下方、表脚注之上。

在每个章、条、术语条目、图或表中，如果只有一个注，则在注的第一行内容之前应标明"注："；如果有多个注，则应标明注编号。在同一章（未分条）或条、术语条目、图或表中，注编号均从"注 1："开始，如"注 1："、"注 2："等。

3.11.12　脚注

3.11.12.1　条文脚注

条文脚注属于附加信息，它只给出了针对条文中的特定内容的附加说明。条文脚注的使用宜尽可能少。条文脚注应置于相关页面左下方的细实线之下。

应从"前言"开始对条文脚注进行全文连续的编号，编号形式为后带半圆括号从 1 开始的阿拉伯数字，即 1）、2）、3）等。在条文中需注释的文字、符号之后应插入与脚注编号相同的上标形式的数字等标明脚注。特殊情况下，例如为了避免与上标数字混淆，可用一个或多个星号，如*、**、***来代替条文脚注的数字编号。

3.11.12.2　图表脚注

图表脚注与条文脚注的编写规则不同。图脚注应置于图题之上，并紧跟图中的注。表脚注应置于表内的最下方，并紧跟表中的注。与条文脚注的编号不同，图表脚注的编号应使用从"a"开始的上标形式的小写拉丁字母，即 a、b、c 等。在图或表中需注释的位置应插入与图表脚注编号相同的上标形式的小写拉丁字母标明脚注。每个图或表中的脚注应单独编号。

图表脚注除了给出附加信息，还可包含要求型条款，因此，在编写脚注相关内容时，应使用适当的能愿动词或句子语气类型，以明确区分不同的条款类型。

3.11.13　其他规则

3.11.13.1　商品名和商标的使用

在文件中应给出产品的正确名称或描述，而不应给出商品名或商标。特定产品的专用商品名或商标，即使是通常使用的，也宜尽可能避免。如果在特殊情况下不能避免使用商品名或商标，应指明其性质。例如，对于注册商标用符号®指明，对于商标用符号™指明。

示例 3-66：

用"聚四氟乙烯（PTFE）"，而不用"特氟纶®"。

如果适用某文件的产品目前只有一种，那么在该文件中可以给出该产品的商品名或商标，但应附上如下脚注：

"×）……[产品的商品名或商标]……是由……[供应商]……提供的产品的[商品名或商标]"。

给出这一信息是为了方便文件的使用者，并不表示对该产品的认可。如果其他产品具有相同的效果，那么可使用这些等效产品。

如果由于产品特性难以详细描述，而有必要给出适用某文件的市售产品的一个或多个实例，那么可在如下脚注中给出这些商品名或商标。

"×)……[产品（或多个产品）的商品名（或多个商品名）或商标（或多个商标）]……是适合的市售产品的实例（或多个实例）。给出这一信息是为了方便本文件使用者，并不表示对这一（这些）产品的认可。"

3.11.13.2　专利

文件中与专利有关的事项的说明和表述应遵守 GB/T 1.1—2020 中附录 D 的规定。

3.11.13.3　重要提示

特殊情况下，如果需要给文件使用者一个涉及整个文件内容的提示（通常涉及人身安全或健康），以便引起注意，那么可在正文首页文件名称与"范围"之间以"重要提示："或者按照程度以"危险：""警告："或"注意："开头，随后给出相关内容。

在涉及人身安全或健康的文件中，需要考虑是否给出相关的重要提示。

第**4**章

采用国际标准的依据、原则、相关要求 以及标准编写的方法

4.1 采用国际标准的依据、原则以及相关要求

4.1.1 采用国际标准的主要依据

1989 年开始实施的《中华人民共和国标准化法》第四条规定:"国家鼓励积极采用国际标准。"

2017 年颁布实施的新版《中华人民共和国标准化法》第八条规定:"国家积极推动参与国际标准化活动,开展标准化对外合作与交流,参与制定国际标准,结合国情采用国际标准,推进中国标准与国外标准之间的转化运用。"

2001 年颁布的新的《采用国际标准管理办法》总则规定:

第一条 为了发展社会主义市场经济、减少技术性贸易壁垒和适应国际贸易的需要,提高我国产品质量和技术水平,促进采用国际标准工作的发展,依据《中华人民共和国标准化法》及其实施条例,参照世界贸易组织和国际标准化组织的有关规定,并结合我国的实际情况,制定本办法。

第二条 采用国际标准是指将国际标准的内容,经过分析研究和试验验证,等同或修改转化为我国标准(包括国家标准、行业标准、地方标准和企业标准),并按我国标准

审批发布程序审批发布。

第三条　国际标准是指国际标准化组织（ISO）、国际电工委员会（IEC）和国际电信联盟（ITU）制定的标准，以及 ISO 认可的其他国际标准化机构制定的标准。

根据《中华人民共和国标准化法》《采用国际标准管理办法》，我国于 2001 年 4 月首次发布了《标准化工作指南　第 2 部分：采用国际标准的规则》（GB/T 20000.2—2001），并于 2009 年修订后重新发布了该标准，即《标准化工作指南　第 2 部分：采用国际标准》（GB/T 20000.2—2009）。GB/T 20000.2—2009 采用《区域标准或国家标准采用国际标准和其他类型国际标准化文件　第 1 部分：采用国际标准》（ISO/IEC 指南 21-1：2005）。

4.1.2　采用国际标准的原则

在《采用国际标准管理办法》中规定了采用国际标准的原则，其具体表述如下：

（1）采用国际标准，应当符合我国有关法律、法规，遵循国际惯例，做到技术先进、经济合理、安全可靠。

（2）在制定我国标准时应当以相应国际标准（包括即将制定完成的国际标准）为基础。

应当优先采用国际标准中通用的基础性标准、试验方法标准。

采用国际标准中的安全标准、卫生标准、环保标准制定我国标准时，应当以保障国家安全、防止欺骗、保护人身健康和人身财产安全、保护动植物的生命和健康、保护环境为正当目标；除非这些国际标准由于基本气候、地理因素或者基本的技术问题等原因而对我国无效或者不适用。

（3）采用国际标准时，应当尽可能等同采用国际标准。由于基本气候、地理因素或者基本的技术问题等原因对国际标准进行修改时,应当将与国际标准的差异控制在合理、必要并且是最小的范围内。

（4）我国的一个标准应当尽可能采用一个国际标准。当我国一个标准必须采用几个国际标准时，应当说明该标准与所采用的国际标准的对应关系。

（5）采用国际标准制定我国标准时，应当尽可能与相应国际标准的制定同步，并可以采用标准制定的快速程序。

（6）采用国际标准时，应当同我国的技术引进、企业的技术改造、新产品开发、老产品改进相结合。

（7）采用国际标准的我国标准的制定、审批、编号、发布、出版、组织实施和监督，同我国其他标准一样，应当按我国有关法律、法规和规章规定执行。

（8）企业为了提高产品质量和技术水平，提高产品在国际市场上的竞争力，对于贸易需要的产品标准，如果没有相应的国际标准或者国际标准不适用，则可以采用国外先进标准。

按照上述原则，我国的国家标准在采用国际标准时应采用 ISO、IEC、ITU，以及 ISO 认可的国际标准化机构的标准，同时可以参考先进国家的国家标准，如 BSI、DIN、ANSI、JPIS 等。

我国的行业标准在采用国际标准时应采用 ISO、IEC、ITU，以及 ISO 认可的国际标准化机构的标准，同时也可以参考先进国家的国家标准，如 BSI、DIN、ANSI、JPIS 等。

我国的团体标准在采用国际标准时应采用国外先进国家的协会标准，如美国电气工程师协会（IEEE）、美国材料工程师协会（SPE）、美国建筑师协会（AIA）等。

我国的企业在采用国际标准时应采用国外先进的企业标准，如奔驰公司、西门子公司、丰田公司、波音公司等。

4.1.3 采用国际标准的相关要求

采用国际标准的相关要求主要来自《采用国际标准管理办法》，其核心可归纳为以下 10 条：

（1）制定我国标准应以相应的国际标准为基础。

（2）制定我国标准应与我国的实际情况相结合。

（3）在制定我国标准时，如果有国际标准，则应尽可能等同采用国际标准；如果由于基本气候、地理因素、基本技术条件等，等同采用国际标准有困难，则可以结合我国的实际情况，修改采用国际标准；也可以参考该国际标准，使我国标准与该国际标准的一致性程度为非等效。

（4）在采用国际标准时，应优先采用国际标准中的基础标准和试验方法标准，并尽可能等同采用。

（5）在采用国际标准时，应当符合我国的法律、法规。对于国际标准中的安全标准、卫生标准、环境保护标准等应符合我国保护级别。

（6）在制定一项我国标准时，应尽可能采用一项国际标准。

（7）在采用国际标准时，应尽可能与相应国际标准的制定、修订过程同步，需要时可以采用标准制定的快速程序。

（8）在采用国际标准时，应关注国际标准化机构的版权政策。

（9）在采用国际标准时，应将国际文件采用为相似类型的文件。

（10）在采用国际标准时，应按标准制定、修订的程序，按照我国标准编写规则起草，同时需要注意翻译的准确性和合理性。

4.2 采用国际标准的编写方法

4.2.1 概述

采用国际标准编写方法目前被我国有关部门制定成国家标准并在 2001 年发布，其标准代号为 GB/T 20000.2—2001，标准名称为《标准化工作指南 第 2 部分：采用国际标准的规则》，并于 2009 年进行了修订，将名称改为《标准化工作指南 第 2 部分：采用国际标准》，标准代号为 GB/T 20000.2—2009，下面对该标准进行解析。

4.2.2 标准的适用范围

GB/T 20000.2—2009 主要对下列情况进行了规定：

（1）判定国家标准与相对应的国际标准一致性程度的方法。

（2）采用国际标准的方法。

（3）识别和表述技术性差异和编辑性修改的方法。

（4）等同采用 ISO 标准和 IEC 标准的国家标准编号的方法。

（5）标识国家标准与相对应的国际标准一致性程度的方法。

该标准适用于国家标准采用国际标准的情况，也可供其他标准采用国际标准时参考。该标准中规定的等同采用 ISO 标准和 IEC 标准的国家标准的编号方法不适合采用 ISO

认可的其他国际标准化机构的标准。

4.2.3 术语和定义

（1）国际标准（International Standard）：国际标准化组织（ISO）、国际电工委员会（IEC）和国际电信联盟（ITU），以及 ISO 认可的其他国际标准化机构制定的标准。

注：ISO 认可的国际标准化机构名单详见 1.2.2.1 节。

（2）采用（Adoption）：以相应国际标准为基础编制，并标明了与其之间差异的国家规范性文件的发布。

（3）技术性差异（Technical Deviation）：国家标准与相应国际标准在技术内容上的不同。

（4）结构（Structure）：标准的章、条、段、表、图和附录的排列顺序。

（5）编辑性修改（Editorial Change）：国家标准对国际标准在不变更标准技术内容条件下允许的修改。

（6）反之亦然原则（Vice Versa Principle）：国际标准可以接受的内容在国家标准中也是可以接受的，反之，国家标准可以接受的内容在国际标准中也是可以接受的原则。因此，符合国家标准就意味着符合国际标准。

4.2.4 一致性程度

4.2.4.1 总则

国家标准与相对应的国际标准一致性程度分为等同、修改和非等效三种情况。

4.2.4.2 等同

当国家标准与相对应的国际标准一致性程度为"等同"时，国家标准与国际标准技术内容和文本结构相同，但可以包含以下最小限度的编辑性修改：

（1）用小数点符号"."代替符号","。

（2）改正印刷错误。

（3）删除多语种出版的国际标准版本中一种或几种语言文本。

（4）纳入国际标准修正案或技术勘误的内容。

（5）改变标准名称以便与现有的标准系列一致。

（6）用"本标准"代替"本国际标准"。

（7）增加资料性要素（如资料性附录，这样的附录不增加、不变更或不删除国际标准的规定），通常，资料性要素包括对标准使用者的建议、培训指南或推荐的表格或报告。

（8）删除国际标准中资料性概要要素（包括封面、目次、前言、引言）。

（9）如果使用不同的计量单位制，为了提供参考，增加单位换算的内容。

在等同采用国际标准的情况下，"反之亦然原则"适用。

4.2.4.3　修改

当国家标准与相对应的国际标准一致性程度为"修改"时，存在下述情况之一或二者兼有：

（1）技术性差异，这些差异及其产生的原因被清楚地说明。

（2）文本结构变化，同时有清楚的比较。

当一致性程度为"修改"时，国家标准还可包含编辑性修改。

一项国家标准应尽可能采用一项国际标准。个别情况下，只有当使用列表形式清楚地说明了技术性差异及其原因，并可以很容易与相对应的国际标准的结构进行比较时，才允许一项国家标准采用若干项国际标准。

"修改"可包括如下情况：

（1）国家标准的内容少于相应的国际标准：国家标准的要求少于相应的国际标准的要求，仅采用国际标准中供选用的内容。

（2）国家标准的内容多于相应的国际标准：国家标准的要求多于相应的国际标准的要求，增加了内容和种类，包括附加试验。

（3）国家标准更改了国际标准的一部分内容：国家标准的内容与相应的国际标准的内容相同，但都包含与对方不同的要求。

（4）国家标准增加了另一种供选择的方案：国家标准中增加了一个与之相对应的国际标准同等地位的条款，作为对该国际标准条款的另一种选择。

在修改采用国际标准的情况下，"反之亦然原则"不适用。

4.2.4.4　非等效

当国家标准与相对应的国际标准一致性程度为"非等效"时，存在下述情况：国家标准与相对应的国际标准技术内容和文本结构不同，同时这种差异没有在国家标准中被清楚地说明。"非等效"还包括在国家标准中只保留了少量或不重要的国际标准条款的情况。

与国际标准一致性程度为"非等效"的国家标准不属于采用国际标准。

在非等效的情况下，"反之亦然原则"不适用。

4.2.5　采用国际标准的方法

4.2.5.1　总则

在采用 ISO、IEC 及 ISO 认可的其他国际标准化机构制定的标准或出版物时，需要关注 ISO、IEC 以及 ISO 认可的其他国际标准化机构的出版物的版权、版权使用权和销售政策文件的规定。

对于国际标准化机构发布的包括国际标准在内的不同类型文件，宜采用为与国际标准文件相似型的我国文件。

国家标准应尽可能采用国际标准。若因基本气候、地理因素或技术条件等对国际标准进行修改时，则应把与国际标准的差异减到最小，并应清楚地标识这些差异和说明产生这些差异的原因。

与国际标准有一致性对应关系的国家标准应按 GB/T 1.1—2020 的规定编写。

与国际标准有一致性对应关系的国家标准，应在其封面上标识与国际标准的一致性程度，在前言中陈述采用国际标准的方法、与被采用国际标准的一致性程度、该国际标准编号和国际标准的中文译名。在前言中，等同采用国际标准时应陈述做出的最小限度的编辑性修改；修改采用国际标准时应陈述技术性差异和编辑性修改，以及结构的改变；与国际标准为非等效时，不必说明技术性差异和编辑性修改，以及结构的改变。

与国际标准有一致性对应关系的国家标准，不应保留国际标准的前言。可根据需要将国际标准引言的内容转化到国家标准的引言中，也可删除国际标准的引言。

当采用国际标准时，应把已发布的该国际标准的修正案和技术勘误的内容纳入对应的国家标准。国家标准的前言应包括增加国际标准的修正案和技术勘误内容的说明，以及标识方法的说明。

国家标准采用国际标准后，对于新发布的该国际标准的修正案和技术勘误也宜尽快采用。

随着国际标准电子版本的发展，国家标准可能会没有包括国际标准采用的新方法，或与现有方法相结合的新方法。在使用新方法情况下，国内标准关于一致性程度的划分和标识条款仍然适用。

4.2.5.2　翻译法

翻译法指将相应的国际标准翻译成国家标准，可做最小限度的编辑性修改。关于国际标准条款中助动词的翻译详见 GB/T 20000.2—2009 的附录 E。

采用翻译法的国家标准可做最小限度的编辑性修改，如果需要增加资料性附录，则应将这些附录置于国际标准的附录之后，并按条文中提及这些附录的先后顺序编排附录的顺序。每个附录的编号由"附录"字样加上代表国家标准附录的标志"N"和随后标明顺序的大写拉丁字母组成，字母从"A"开始，如附录 NA、附录 NB 等。每个附录中章、图、表和数学公式的编号应从 1 开始，编号前应加上代表国家标准附录的标志的"N"和随后表明该附录顺序的大写拉丁字母，后跟下脚点。例如，附录 NA 中的章用 NA.1、NA.2 等表示，图用图 NA.1、图 NA.2 等表示。

4.2.5.3　重新起草法

重新起草法是指在相应国际标准的基础上重新编写国家标准。

采用重新起草法的国家标准如果需要增加附录，则每个增加的附录应与其他附录按标准条文中提及的先后顺序编号。

4.2.5.4　采用国际标准方法的选择

等同采用国际标准时，应使用翻译法。

修改采用国际标准时，应使用重新起草法。

4.2.6　技术性差异和编辑性修改的表述和标识

4.2.6.1　总则

当技术性差异较少时，宜在国家标准前言中陈述。当技术性差异较多时，应在条文中对这些技术差异涉及的条款的外侧页边空白位置用垂直单线（|）进行标识，并且宜编排一个附录，将归纳所有技术差异及其原因的表格列在该附录中，同时在前言中指出该附录并说明在文中如何标识这些技术性差异。

当结构调整较少时，宜在标准的前言中陈述；当结构调整较多时，宜编排一个附录，将国家标准与国际标准的章条编号对照表列在该附录中，同时在前言中指出该附录。

当存在编辑性修改时，等同采用的国家标准在前言中仅陈述如下编辑性修改：

（1）纳入国际标准修正案或技术勘误的内容。

（2）改变后的标准名称。

（3）增加的资料性附录。

（4）增加计量单位换算的内容。

修改采用的国家标准在前言中除了要陈述上述 4 项最小限度的编辑性修改，还应陈述 4.2.4.2 节所列的最小限度编辑性修改以外的其他编辑性修改，例如删除或修改国际标准的资料性附录。

国际标准的修正案和（或）技术勘误应直接纳入国家标准的条款中，同时应在改动过的条款的外侧页边空白位置用垂直双线（||）标识。

4.2.6.2　采用的国际标准引用了其他国际文件

等同采用国际标准的国家标准，对于国际标准注日期规范引用的国际文件，可以用等同采用这些文件的我国文件代替。在此情况下，应在国家标准的"规范性引用文件"一章中列出这些代替的我国文件，并标识与相应的国际文件的一致性程度。对于国际标准不注日期规范性引用的国际文件应全部保留引用，在此情况下，应在国家标准的"规范性引用文件"一章中列出这些保留的国际文件，并在前言中列出与这些文件有一致性对应关系的我国文件，如果需要列出的我国文件较多，则宜编排成一个资料性附录列出。

修改采用国际标准的国家标准，对于国际标准注日期规范引用的国际文件，可以用适用的我国文件代替。在此情况下，应在国家标准的"规范性引用文件"一章中列出这些适用的我国文件，对于其中与国际文件有一致性对应关系的我国文件，应标明与国际文件一致性程度的标识。

如果用非等效国际文件的我国文件或用与国际文件无一致性对应关系的我国文件代替国际标准规范性引用的国际文件，则国家标准在陈述技术性差异时应简要说明非等效或无一致性对应关系的我国文件与相应国际文件之间引用的相关内容方面的技术性差异。

对于保留引用的国际标准规范性引用的国际文件，应在国家标准的"规范性引用文件"一章中列出保留的这些国际文件。

非等效于国际标准的国家标准，对于国际标准规范性引用的国际文件，可以用适用的我国文件代替。在此情况下，应在国家标准的"规范性引用文件"一章中列出这些适用的我国文件，对于其中与国际文件有一致性对应关系的我国文件，可不标识出与国际文件一致性程度的标识，也可仅标识相应国际文件的代号和顺序号。

对于保留引用的国际标准规范性引用的国际文件，应在国家标准的"规范性引用文件"一章中列出保留的这些国际文件。

对于国际标准提及的参考文献，可以用适用的我国文件代替。在此情况下，可在国家标准的"参考文献"中列出这些适用的我国文件，对于其中与国际文件有一致性对应关系的我国文件，可不标识出与国际文件一致性程度的标识。对于保留的参考文献中的名称，不必译成中文。

4.2.7 等同采用 ISO 或 IEC 标准的编号方法

4.2.7.1 概述

当国家标准与 ISO 标准或 IEC 标准等同时，"等同"这一信息宜使读者在查阅之前清楚获悉，为此，使用下述编号方法。

4.2.7.2 编号

国家标准等同采用 ISO 标准或 IEC 标准的编号方法是国家标准编号与 ISO 标准或 IEC 标准的编号结合在一起的双编号方法。具体编号方法为将国家标准编号以及 ISO 标准或 IEC 标准的编号排为一行，两者之间用斜线分开。

示例 4-1：

GB/T 7939—2008/ISO6605:2002

对于与 ISO 标准或 IEC 标准的一致性程度为修改和非等效的国家标准，只使用国家标准编号，不允许使用上述双编号方法。

双编号在国家标准中仅用于封面、页眉、封底和版权页上。

4.2.8　一致性程度的标识方法

4.2.8.1　一致性程度标识

在采用国际标准时，应准确标识国家标准与国际标准的一致性程度。一致性程度标识包括国际标准编号、逗号和一致性程度代号。

4.2.8.2　一致性程度及其代号

一致性程度及其代号如表 4-1 所示。

表 4-1　一致性程度及其代号

一致性程度	代　　号
等同	IDT
修改	MOD
非等效	NEQ

4.2.8.3　在国家标准中标识一致性程度

与国际标准有一致性对应关系的国家标准，在国家标准封面上的国家标准英文译名下面的括号中标识一致性程度标识。如果国家标准的英文译名与被采用的国际标准名称不一致时，则在一致性程度标识中的国家标准编号和一致性程度代号之间给出国际标准英文名称。

等同采用时，用注日期引用的等同采用相应国际文件的我国文件代替国际标准中注日期引用的国际文件，则在"规范性引用文件"一章的文件清单中相应的我国文件后的括号中标明一致性程度标识。

对于保留引用的国际文件，如果存在一致性对应关系的我国文件，则在前言中列出我国文件并在其后标明一致性程度标识。如果保留引用了国际文件的所有部分，则仅列出我国文件的代号和顺序号，并在文件名称之后的方括号中列出国际文件的代号和顺序号，以及"（所有部分）"，省略一致性程度代号。在以附录形式列出较多的与国际文件有一致性对应关系的我国文件时，应在前言中进行说明。

修改采用时，用与国际文件有一致性对应关系的我国文件代替国际标准中引用的国际文件，则在"规范性引用文件"一章的文件清单中相应的我国文件名称后的括号中标明一致性程度标识。

4.2.8.4　在目录和其他媒介上标识一致性程度

在标准目录、年报、数据库和其他所有相关媒介上宜标明与国际标准的一致性程度标识。在数据库中使用所有一致性程度标识的格式宜参考 ISONET 手册的相关内容。

第5章

标准化的原则和方法

5.1 概述

标准化是我国国民经济和社会发展最重要的基础和支撑。标准化可提高国民经济和社会发展的效率，降低成本，提高产品和服务的质量。如果标准化工作搞得不好，国民经济就会缺乏竞争力，企业也可能在竞争中被淘汰。

标准化是一项庞大而复杂的系统工程，它不仅跨学科和行业，还跨系统。如何开展标准化工作，即企业选择什么样的标准化方法，对于企业来说是非常重要的。科学的方法能使企业简明、有效地开展标准化工作，全面实现所预期的目标。

为了综合解决产品和服务的质量问题，20 世纪 60 年代，苏联的标准化专家提出了"综合标准化方法理论"，并将该理论传播到当时的"经济互助委员会"国家。"综合标准化方法理论"是典型的计划经济产物。20 世纪 90 年代初苏联解体，"经济互助委员会"国家以及从苏联解体后独立出来的国家均摈弃了"综合标准化方法理论"。

我国的综合标准化理论研究工作始于 20 世纪 80 年代后期，并在 1990 年和 1991 年发布实施了 5 个"综合标准化工作导则"国家标准，分别是：

- 《综合标准化工作导则　原则与方法》（GB/T 12366.1—1990）；
- 《综合标准化工作导则　工业产品综合标准化一般要求》（GB/T 12366.2—1990）；
- 《综合标准化工作导则　农业产品综合标准化一般要求》（GB/T 12366.3—1990）；
- 《综合标准化工作导则　标准综合体规划编制方法》（GB/T 12366.4—1991）；
- 《综合标准化工作导则　确定超前指标的一般要求》（GB/T 12366.5—1991）。

这些标准主要是等同或修改采用苏联的"综合标准化方法理论"。这些标准在发布后的 20 多年内几经修订，目前已经综合成为一个标准，即《综合标准化工作指南》（GB/T 12366—2009）。为了配合综合标准化工作的开展，我国于 1995 年发布实施了《企业标准体系表编制指南》（GB/T 13017—1995），于 2005 年发布实施了《标准体系表编制原则和要求》（GB/T 13016—2005）。

上述标准在我国的综合标准化工作中发挥了一些作用，但在实际应用中也面临一些问题。综合标准化方法是设计一个标准化综合体，用相同的综合体套用一切标准化问题。这样做的最大问题是缺乏需求分析，导致了理论与实际的脱离。在应用中得到的反馈意见是按照上述标准为行业、企业、机关及事业单位提供的标准化综合解决方案缺乏针对性，与各单位的实际情况结合不紧密，编写的企业标准体系表罗列出的标准太多、太复杂，无法实施，达不到期望的结果。

《标准化法》要求"国家鼓励积极采用国际标准和国外先进标准"。原国家质量监督检验检疫总局于 2001 年发布实施了新的《采用国际标准管理办法》，把采用国际标准和国外先进标准作为我国的一项重大技术经济政策，以促进技术进步、提高产品质量、扩大对外开放、加快与国际惯例接轨。

国际上发达国家使用的标准化方法主要是以 ISO9000 系列标准为理论基础的方法。ISO9000 系列标准的理论基础是 PDCA 循环，核心思想是"过程控制，持续改进"。PDCA 循环又称"质量环"，是管理学中的一种通用模型。PDCA 是英语单词 Plan（策划）、Do（实施）、Check（检查）和 Act（处置）四个单词的首字母，PDCA 循环就是按照这样的顺序进行质量管理的，是循环进行的科学过程。

目前，ISO9000 系列标准被世界上 120 多个国家广泛采用，既包括发达国家，也包括发展中国家。ISO9000 系列标准不仅适用于产品，而且适用于服务；不仅适用于企业，也适用于其他各个行业，当然也适用于标准化工作本身。国际上发达国家使用的标准化方法就是把 ISO9000 系列标准理论应用于标准化领域。

PDCA 循环把标准化活动划分为 5 个过程，即：标准化活动的需求分析、标准化活动的策划、标准化活动的实施、标准化活动的检查、标准化活动改进。由于需求分析是标准化活动最重要的环节，也是计划经济体制下标准化活动与市场经济体制下的标准化活动的最大区别。基于 PDCA 循环的标准化活动过程如图 5-1 所示。

标准化活动的每个过程又可以进行 PDCA 循环，其最大的优点是可以在标准化活动的需求分析基础上进行 PDCA 循环，从而可以避免盲目性。

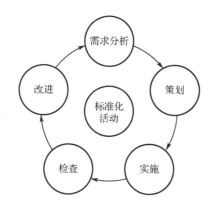

图 5-1 基于 PDCA 循环的标准化活动过程

　　本书介绍的标准化方法以 ISO9000 的核心思想"过程控制、持续改进"为基础，标准编写的方法将采用 ISO 的标准制定方法，即 ISO/IEC 导则和 ISO/IEC 指南。下面将解析这些方法。

5.2 开展标准化活动的方法

5.2.1 ISO9000 系列标准简介

　　5.1 节提到标准化活动的方法以"过程控制、持续改进"为基础，下面将对 ISO9000 系列标准进行简要的介绍。

　　ISO9000 系列标准由 ISO 的质量管理和质量保证技术委员会（ISO/TC176）负责起草，该技术委员会于 1987 年发布了第 1 版的 ISO9000 系列标准，后来又分别于 1994 年、2000 年、2008 年和 2015 年分别发布了 1994 年版、2000 年版、2008 年版和 2015 年版的 ISO9000 系列标准，目前的最新版本为 2015 年版。

　　ISO9000 系列标准由以下 4 个核心标准组成：

　　（1）《质量管理体系　基础和术语》（ISO9000：2015）。

　　（2）《质量管理体系　要求》（ISO9001：2015）。

　　（3）《追求组织的持续成功　质量管理方法》（ISO9004：2015）。

　　（4）《质量和环境管理体系审核指南》（ISO9011：2015）。

我国的质量管理和质量保证技术委员会（SAC/TC151）已经将 ISO9000 系列标准转化成了国家标准，分别是：

（1）《质量管理体系　基础和术语》（GB/T 19000—2016）。

（2）《质量管理体系　要求》（GB/T 19001—2016）。

（3）《质量管理　组织的质量　实现持续成功指南》（GB/T 19004—2020）。

（4）《质量体系审核指南》（GB/T 19011—2013）。

对企业开展 ISO9000 标准咨询和认证的标准主要是 ISO9001：2015 或 GB/T 19001—2016。下面主要介绍 ISO9001 系列标准。

ISO9001 系列标准（2008 年版）的 8 项基本原则如下：

（1）以顾客为关注焦点。

（2）领导作用。

（3）全员参与。

（4）过程方法。

（5）管理的系统方法。

（6）持续改进。

（7）基于事实的决策方法。

（8）与供方互利的关系。

在 ISO9001 系列标准（2015 年版）中将 8 项基本原则修改为 7 项基本原则，分别为：

（1）以顾客为关注焦点。

（2）领导作用。

（3）全员积极参与。

（4）过程方法。

（5）改进。

（6）循证决策。

（7）关系管理。

之所以提及 ISO9001 系列标准（2008 年版）的 8 项基本原则，是因为很多用户非常熟悉这 8 项基本原则，这些用户可以通过对比来更加深刻地理解 ISO9001 系列标准的基本原则。

ISO9001 系列标准的理论基础是 PDCA 循环，核心思想是"过程控制、持续改进"。PDCA 循环又称"质量环"，是管理学中的一种通用模型。

PDCA 循环的构成如图 5-2 所示。

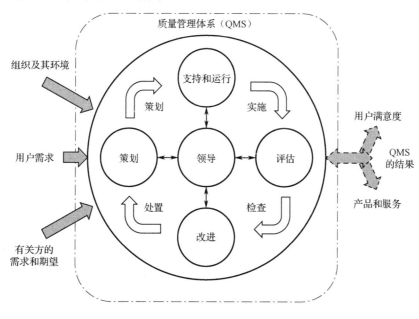

图 5-2　PDCA 循环的构成

PDCA 循环的构成如下所述：

（1）策划（Plan）：根据顾客的要求和组织的方针，建立体系的目标及其过程，确定实现结果所需的资源，识别并应对风险和机遇。

（2）实施（Do）：执行所做的策划。

（3）检查（Check）：根据方针、目标、要求和所策划的活动，对过程以及形成的产品、服务进行监视和测量（适用时），并报告结果。

（4）处置（Act）：在必要时可采取措施提高绩效。

在 ISO9001 系列标准中，把输入转化为输出的相互关联或相互作用的一组活动称为过程。系统地识别和管理标准化活动中的所有过程，称为标准化的过程方法。在识别标准化活动中的所有过程后，可以在实施标准化活动中的每个过程都进行 PDCA 循环。

单一过程的要素及其相互作用如图 5-3 所示。在每个过程均有特定的用于监视和测量绩效的控制点和检查点，这些控制点和检查点根据相关风险的不同而有所不同。

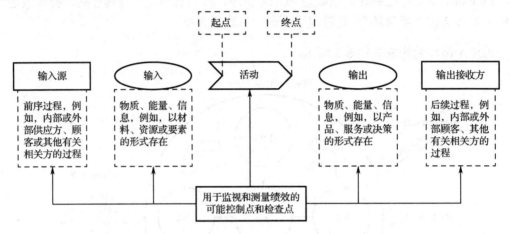

图 5-3　单一过程的要素及其相互作用

以上简要介绍了 ISO9000 系列标准以及 ISO9001 系列标准中的基本原则和 PDCA 循环，下面将介绍如何将 ISO9001 系列标准应用于标准化活动。

5.2.2　ISO9001 系列标准在标准化活动中的应用

首先介绍如何将 ISO9001 系列标准的基本原则应用到标准化活动中。ISO9001 系列标准（2015 年版）的 7 项基本原则如 5.2.1 节所述，应用到标准化活动中的方法如下：

（1）以标准化为关注焦点。

（2）领导带头参与标准化活动。

（3）全员积极参与标准化活动。

（4）在标准化活动中采用标准化的过程方法。

（5）对标准化活动持续进行改进。

（6）在标准化活动中进行决策时，应当结合需求以及所面临的标准化活动实际情况。

（7）在标准化活动中应当处理好各方的关系，实现互利互惠。

其次介绍如何将 PDCA 循环应用到标准化活动中。ISO9001 系列标准不仅要求大的标准化活动采用 PDCA 循环，还要求在标准化活动中的每个过程中也采用 PDCA 循环，以提高质量。例如，在策划前需要先考虑各种因素，尤其是需求因素，再进行策划，最后对策划的结果进行检查并记录，发现问题后及时改进。改进包括策划的改进、实施策划的改进，以及检查策划结果和方法的改进。

最后介绍如何将 ISO9001 系列标准的总体要求应用到标准化活动中。ISO9001 系列标准的总体要求是：

（1）确定需要的过程及其应用。

（2）确定这些过程的顺序和相互作用。

（3）确定所需要的准则和方法，确保过程的运行和有效。

（4）确保所需的资源和信息，支持过程的运行和监视。

（5）监视、测量和分析这些过程。

（6）实施必要的措施，实现所策划的结果并持续改进。

将 ISO9001 系列标准的总体要求应用到标准化活动中的方法如下：

（1）确定标准化活动的方针和目标。

（2）确定实现标准化目标所需的过程和职责。

（3）确定标准化活动过程的顺序和相互作用。

（4）确定标准化活动所需要的准则和方法。

（5）确保标准化活动所需的资源和信息。

（6）实施标准化活动已经确定的过程。

（7）分析和检查这些过程。

（8）对这些过程和结果持续进行改进。

上面介绍了将 ISO9001 系列标准在标准化活动中的应用方法，本书将从第 6 章开始阐述如何将上述方法应用到具体的标准化活动中。

接下来将阐述标准编写的原则与方法。

5.3 标准编写的原则与方法

5.3.1 标准编写的原则

标准编写的原则是指编写标准的行动准则。在编写标准之前应首先确定标准的编写原则，然后确定标准的编写方法。

5.3.1.1 国家标准编写的原则

《标准化工作导则　第1部分：标准化文件的结构和起草规则》（GB/T 1.1—2020）中给出了标准编写的基本原则，如下所述：

（1）目标性。标准的目标是规定明确且无歧义的条款，以便促进贸易和交流。目标性原则包括：在其范围所规定的界限内力求完整、清楚和准确；充分考虑最新技术水平；为未来技术发展提供框架；能被未参加标准编制的专业人员所理解。

（2）统一性。包括：结构的统一、文体的统一、术语的统一。

（3）协调性。包括：标准的编写应遵守现行基础通用标准的有关条款，需要与现行标准协调；对于某些技术领域，标准的编写还应遵守涉及相关内容的现行基础通用标准的有关条款，以及特定领域、本领域的基础标准。

（4）适用性。包括：标准的内容应便于实施；应易被其他标准或文件所引用。

（5）一致性。包括：如果有相应的国际文件，则以相应的国际文件为基础并尽可能与国际文件保持一致；与国际文件的一致性程度为等同、修改或非等效的我国标准的起草应符合 GB/T 1.1—2020 和 GB/T 20000.2—2009 的规定。

（6）规范性。包括：遵守标准制定程序；遵守 GB/T 1.1—2020 规定的规则，以及视标准的具体情况遵守 GB/T 20000、GB/T 20001 和 GB/T 20002 等系列标准的规定。

5.3.1.2 采用国际标准的原则

《标准化工作指南　第2部分：采用国际标准》（GB/T 20000.2—2009）中给出了采用国际标准的基本原则，如下所述：

（1）制定我国标准应以相应的国际标准为基础。

（2）应与我国实际情况相结合。

（3）如果有国际标准，则应尽可能等同采用国际标准。

（4）如果由于基本气候、地理因素、技术条件等，等同采用国际标准有困难时，可结合我国的实际情况，修改采用国际标准。

（5）可以参考该国际标准，使我国标准与该国际标准的一致性程度为非等效。

5.3.2　标准编写的方法

ISO 有两个最重要的文件，一个是 ISO/IEC 导则，另一个是 ISO/IEC 指南。目前，ISO 发布了 100 多个 ISO/IEC 指南，为各种技术标准的编写提供技术指导。我国在积极采用国际标准和国外先进标准之后，在国家标准和行业标准方面积极地采用 ISO/IEC 导则和 ISO/IEC 指南作为国家或行业方法性标准。在《团体标准化》（GB/T 20004）的前言中指出，《标准化工作导则》（GB/T 1）、《标准化工作指南》（GB/T 20000）、《标准编写规则》（GB/T 20001）、《标准中特定内容的起草》（GB/T 20002）、《标准制定的特殊程序》（GB/T 20003）和《团体标准化》（GB/T 20004）共同构成了支撑标准化工作的基础性国家标准。这些标准的细目如下：

- 标准化工作导则　第 1 部分：标准化文件的结构和起草规则（GB/T 1.1—2020）；
- 标准化工作导则　第 2 部分：以 ISO/IEC 标准化文件为基础的标准化文件起草规则（GB/T 1.2—2020）；
- 标准化工作指南　第 1 部分：标准化和相关活动的通用术语（GB/T 20000.1—2014）；
- 标准化工作指南　第 2 部分：采用国际标准（GB/T 20000.2—2009）；
- 标准化工作指南　第 3 部分：引用文件（GB/T 20000.3—2014）；
- 标准化工作指南　第 4 部分：标准中涉及安全的内容（GB/T 20000.4—2003）；
- 标准化工作指南　第 5 部分：产品标准中涉及环境的内容（GB/T 20000.5—2004）；
- 标准化工作指南　第 6 部分：标准化良好行为规范（GB/T 20000.6—2006）；
- 标准化工作指南　第 7 部分：管理体系标准的论证和制定（GB/T 20000.7—2006）；
- 标准编写规则　第 1 部分：术语（GB/T 20001.1—2001）；
- 标准编写规则　第 2 部分：符号标准（GB/T 20001.2—2015）；
- 标准编写规则　第 3 部分：分类标准（GB/T 20001.3—2015）；
- 标准编写规则　第 4 部分：试验方法标准（GB/T 20001.4—2015）；
- 标准编写规则　第 5 部分：规范标准（GB/T 20001.5—2017）；

- 标准编写规则　第 6 部分：规程标准（GB/T 20001.6—2017）；
- 标准编写规则　第 7 部分：指南标准（GB/T 20001.7—2017）；
- 标准编写规则　第 10 部分：产品标准（GB/T 20001.10—2014）；
- 标准中特定内容的起草　第 1 部分：儿童安全（GB/T 20002.1—2008）；
- 标准中特定内容的起草　第 2 部分：老年人和残疾人的需求（GB/T 20002.2—2008）；
- 标准中特定内容的起草　第 3 部分：产品标准中涉及环境的内容（GB/T 20002.3—2014）；
- 标准中特定内容的起草　第 4 部分：标准中涉及安全的内容（GB/T 20002.4—2015）；
- 标准制定的特殊程序　第 1 部分：涉及专利的标准（GB/T 20003.1—2014）；
- 团体标准化　第 1 部分：良好行为指南（GB/T 20004.1—2016）；
- 团体标准化　第 2 部分：良好行为评价指南（GB/T 20004.2—2018）。

还有很多与专业领域密切相关的方法性国家标准或行业标准，如《信息分类和编码的基本原则与方法》（GB/T 7027—2002）。团体标准或企业标准的用户在必要时可根据需求搜集并使用这些标准。有了这些方法性国家标准或行业标准，标准化工作者在起草各级各类的标准时就不会再感到盲目或无从下手。

如何利用已有的资源编写标准呢？方法很简单，就是将下列三者结合起来灵活运用。

（1）《标准化工作导则　第 1 部分：标准化文件的结构和起草规则》（GB/T 1.1—2020）。

（2）相关领域方法性国家标准或行业标准。

（3）相关业务领域的业务知识和技术。

总结标准编写的方法，可以将其分为以下 5 个步骤：

（1）确定标准编写的基本原则。

（2）确定标准编写的具体原则。

（3）应用 GB/T 1.1—2020。

（4）应用相关领域方法性的国家标准或行业标准。

（5）应用相关业务领域的业务知识和技术。

通过上面的阐述不难发现，标准编写的方法涉及的标准众多，信息量非常大，对于刚刚入门的标准起草者来说学习难度非常大。如何有重点地进行针对性的学习呢？标准的起草者首先必须了解或掌握下面的知识：

（1）掌握标准化的基础知识。

（2）了解掌握 GB/T 1.1—2020。

（3）基本了解 ISO9001 系列标准。

然后在标准化实践中不断将标准化的基本知识与上述提到的方法相结合，同时结合具体的标准化问题找到解决方案，并加以解决。这个过程就是实践—认识—再实践—再认识，不断重复、不断提高。

5.4 标准制定的原则

5.4.1 国家标准制定的原则

《国家标准管理办法》规定：对需要在全国范围内统一的下列技术要求，应当制定国家标准（含标准样品的制作）。

（1）通用的技术术语、符号、代号（含代码）、文件格式、制图方法等通用技术语言要求和互换配合要求。

（2）保障人体健康和人身、财产安全的技术要求，包括产品的安全、卫生要求，生产、贮运和使用中的安全、卫生要求，工程建设的安全、卫生要求，环境保护的技术要求。

（3）基本原料、材料、燃料的技术要求。

（4）通用基础件的技术要求。

（5）通用的试验、检验方法。

（6）工农业生产、工程建设、信息、能源、资源和交通运输等通用的管理技术要求。

（7）工程建设的勘察、规划、设计、施工及验收的重要技术要求。

（8）国家需要控制的其他重要产品和工程建设的通用技术要求。

上述国家标准制定原则也符合 ISO/IEC 标准的制定原则。

5.4.2 行业标准制定的原则

《行业标准管理办法》规定：需要在行业范围内统一的下列技术要求，可以制定行业标准（含标准样品的制作）。

（1）技术术语、符号、代号（含代码）、文件格式、制图方法等通用技术语言。

（2）工农业产品的品种、规格、性能参数、质量指标、试验方法以及安全、卫生要求。

（3）工农业产品的设计、生产、检验、包装、使用、维修方法，以及生产、贮运过程中的安全、卫生要求。

（4）通用零部件的技术要求。

（5）产品结构要素和互换配合要求。

（6）工程建设的勘察、规划、设计、施工及验收的技术要求和方法。

（7）信息、能源、资源、交通运输的技术要求及其管理技术等要求。

5.4.3 地方标准制定的原则

《地方标准管理办法》规定：对没有国家标准和行业标准而又需要在省、自治区、直辖市范围内统一的下列要求，可以制定地方标准（含标准样品的制作）。

（1）工业产品的安全、卫生要求。

（2）药品、兽药、食品卫生、环境保护、节约能源、种子等法律、法规规定的要求。

5.4.4 团体标准制定的原则

《团体标准管理规定》中对制定团体标准的原则做了如下规定：

（1）社会团体应当依据其章程规定的业务范围进行活动，规范开展团体标准化工作，应当配备熟悉标准化相关法律法规、政策和专业知识的工作人员，建立具有标准化管理协调和标准研制等功能的内部工作部门，制定相关的管理办法和标准知识产权管理制度，明确团体标准制定、实施的程序和要求。

（2）制定团体标准应当有利于科学合理利用资源，推广科学技术成果，增强产品的安全性、通用性、可替换性，提高经济效益、社会效益、生态效益，做到技术上先进、经济上合理。

（3）禁止利用团体标准实施妨碍商品、服务自由流通等排除、限制市场竞争的行为。

（4）团体标准应当符合相关法律法规的要求，不得与国家有关产业政策相抵触。

（5）团体标准的技术要求不得低于强制性标准的相关技术要求。

（6）国家鼓励社会团体制定高于推荐性标准相关技术要求的团体标准；鼓励制定具有国际领先水平的团体标准。

（7）制定团体标准的一般程序包括：提案、立项、起草、征求意见、技术审查、批准、编号、发布、复审。

（8）团体标准的编写参照 GB/T 1.1《标准化工作导则　第 1 部分：标准的结构和编写》的规定执行。

（9）团体标准的封面格式应当符合要求。

（10）社会团体应当合理处置团体标准中涉及的必要专利问题，应当及时披露相关专利信息，获得专利权人的许可声明。

5.4.5　企业标准制定的原则

《企业标准化管理办法》规定的企业标准的种类包括：

（1）企业生产的产品，没有国家标准、行业标准和地方标准的，制定的企业产品标准。

（2）为提高产品质量和技术进步，制定的严于国家标准、行业标准或地方标准的企业产品标准。

（3）对国家标准、行业标准的选择或补充的标准。

（4）工艺、工装、半成品和方法标准。

（5）生产、经营活动中的管理标准和工作标准。

《企业标准化管理办法》中对制定企业标准的原则做了如下规定：

（1）贯彻国家和地方有关的方针、政策、法律、法规，严格执行强制性标准、行业标准和地方标准。

（2）保证安全、卫生，充分考虑使用要求，保护消费者利益，保护环境。

（3）有利于企业技术进步，保证和提高产品质量，改善经营管理和增加社会经济效益。

（4）积极采用国际标准和国外先进标准。

（5）有利于合理利用国家资源、能源，推广科学技术成果，有利于产品的通用互换，符合使用要求，技术先进，经济合理。

（6）有利于对外经济技术合作和对外贸易。

（7）本企业内的企业标准之间应协调一致。

上面给出了采用国际标准的原则、制定国家标准的原则、制定行业标准的原则、制定地方标准的原则、制定团体标准的原则、制定企业标准的原则。在编写标准时首先需要确定要编写的是什么级别的标准，然后确定编写哪一类标准（如产品标准、实验标准、安全规范），接着考虑是否采用国际标准，最后需要考虑国家相关规定，同时结合团体或企业自身情况。

第 **6** 章
标准化需求分析

6.1　标准化需求分析的目标和原则

本书的前 5 章对标准化的理论方法进行了系统的解析，从本章开始，本书将结合实际操作和应用对标准化需求分析，标准化活动的策划，标准的编写与实施，合格评定与合格评定程序，标准化工作的检查、评定与改进等内容进行解析。

标准化需求分析是指通过对相关方的需求、期望，以及标准化现状进行分析，将相关方对标准化的需求，以及自身的需求转化为完整的需求，从而确定必须做什么的过程。

需求分析的目标是对标准化需求进行分析与整理，确认后形成描述完整、清晰与规范的文档，然后根据需求分析的结论制订下一步的工作计划或方案，使整个标准化工作更加科学、合理，避免盲目性。需求分析的基本原则就是科学性、客观性、前瞻性和适用性。

国际上发达国家使用的标准化方法就是把 ISO9000 系列标准应用于标准化活动中。该方法把标准化活动划分为 5 个过程，即标准化活动的需求分析、标准化活动的策划、标准化活动的实施、标准化活动的检查、标准化活动改进。

标准化需求分析是标准化活动的第一个环节，也是非常重要的环节，它是区别计划经济体制下标准化活动与市场经济体制下标准化活动的重要标志，因此本章单独将标准化需求分析作为标准化活动的一个过程来阐述。

标准化活动主要是围绕标准的制定、标准的实施、标准的监督实施（检查）、标准的改进（修订）4 个方面开展的，因此，标准化需求分析也主要是围绕这 4 个方面进行的。

标准化需求分析通常遵循以下原则：

（1）以顾客为关注焦点。

（2）尊重用户的现实选择。

（3）客户和用户要区别对待。

（4）基于事实的决策方法。

标准化需求分析一般分为以下 4 个步骤：

（1）获取需求、识别问题。

（2）分析需求，建立目标逻辑模型。

（3）将需求分析文档化。

（4）验证需求。

我国标准分为国家标准、行业标准、地方标准、团体标准、企业标准，共 5 个等级，标准化需求分析应当针对不同等级的标准化展开。在进行不同等级的标准化需求分析时应制定不同的目标和原则。在准备主导国际标准的起草时，也应制定相应的目标和原则。

6.2　标准化需求分析的方法

在进行标准化需求分析时，首先要进行标准化现状分析。标准化现状分析包括国际标准化现状分析和国内标准化现状分析。不同等级的标准现状分析要求是不一样的。

对于国家标准需求分析而言，国际标准化现状分析主要包括现有的 ISO 标准、IEC 标准、ITU 标准，以及 ISO 认可的国际标准化机构的标准；国内标准化现状分析主要包括现有的国家标准和行业标准。如果是强制性标准需求分析，则国际标准化现状分析还应包括先进国家的技术法规。

对于行业标准需求分析而言，国际标准化现状分析主要包括现有的 ISO 标准、IEC 标准、ITU 标准、ISO 认可的国际标准化机构的标准，以及先进国家的行业协会标准；国内标准化现状分析主要包括现有的国家标准、行业标准，以及应用良好的团体标准和企业标准。

对于团体标准需求分析而言，国际标准化现状分析主要包括现有的 ISO 标准、IEC

标准、ITU 标准，以及先进国家的行业协会标准；国内标准化现状分析主要包括现有的国家标准、行业标准、团体标准，以及应用良好的企业标准。

对于企业标准需求分析而言，国际标准化现状分析主要包括现有的 ISO 标准、IEC 标准、ITU 标准，以及先进国家的行业协会标准和企业标准；国内标准化现状分析主要包括现有的国家标准、行业标准、团体标准，以及应用良好的企业标准。

标准化需求分析通常是以问卷的方式进行的，根据不同等级的标准，问卷的对象是不同的。例如，企业在进行标准化需求分析时通常针对企业所涉及的相关方，如顾客、企业所有者、股东、企业员工、供方和合作伙伴，以及社会等方面。表 6-1 给出了企业在进行标准化需求分析时常用的问卷，其他等级的标准化需求分析可以根据自身的情况设计自己的问卷。

表 6-1　企业在进行标准化需求分析时常用的问卷

相　关　方	需求和期望
顾客	产品的质量、价格和服务
企业所有者、股东	持续的盈利能力
	透明度
企业员工	良好的环境
	职业安全
	职业发展
供方和合作伙伴	互利和连续性
社会	遵守法律法规、环境保护
	道德行为

注：相关方的需求和期望可不限于本表所列内容。

企业可按照表 6-2 所示的分析方法来确认实现相关方标准化需求和期望所需的关键过程、资源和要素，并确定企业的标准化对象。

表 6-2　分析方法

梳理相关方	分解需求和期望	关键过程、资源和要素		标准化对象
顾客	质量	设计		设计和开发标准
		产品设计输入	需要遵守的相关标准（产品）	
			有明确的产品和服务标准	产品标准
		产品设计结果	产品标准	

109

续表

梳理相关方	分解需求和期望	关键过程、资源和要素		标准化对象
顾客	质量	生产资源	设备、基础设施	设备设施标准
			人员	人力资源标准
			采购程序材料质量	—
		生产过程方法和要求	现场管理	生产、服务提供标准
			工艺（关键、特殊过程）	
			监视和测量程序和方法	
			标识、包装、防护、贮运	
			安装和交付	
		生产结果	半成品、不合格品、项处置、纠正和预防	
		售后、交付后	维保、三包服务	售后、交付后标准
			产品召回和回收	
	价格	设计	产能、成本	财务和设计标准
			价值流设计	设计和开发标准
			产品通用化、系列化	
			材料选用	
		生产	库存（仓储物流）	设备设施标准
			材料领用	生产、服务提供标准
			在制品的质量和库存	
		营销	营销策划	营销标准
	交付及服务	财务	成本控制	财务和审计标准
		生产	工时定额	生产、服务提供标准
			生产计划管理	
			安装、交付、运输	
		营销	产品销售	营销标准
		售后/交付后	维保、维修、三包、回收、技术支持	售后/交付后标准
企业所有者	持续盈利能力		方针、目标、战略和方法	规划计划和企业文化标准
			产品和市场	设计和开发标准

续表

梳理相关方	分解需求和期望	关键过程、资源和要素		标准化对象
企业所有者	持续盈利能力	团队		人力资源标准
		资产	资金和有形资产	财务和审计标准
			无形资产	知识管理和信息标准
		营销策划		营销标准
	透明度	财务信息公开		财务和审计标准
		非财务信息公开		规划计划和企业文化标准
				行政事务和综合标准
		产品标准信息		产品标准
	良好的环境	硬环境		设备设施标准
		软环境		规划计划和企业文化标准
				行政事务和综合标准
企业员工	职业安全	职业健康、安全与应急		安全和职业健康标准
	职业发展	培养、任用、考核、晋升、职业生涯		人力资源标准
	得到承认和奖励	奖惩、职务晋升		
供方和合作伙伴	互利和连续性	选择和管理		生产/服务提供标准
		供方的培养		
		与供方沟通、与顾客沟通		
社会	遵守法律法规	法律、法规、规章和强制性标准的收集和分析		知识管理和信息标准
		合同法		法务和合同标准
		劳动法		人力和资源标准
	环境保护	环保和节能		环境保护和能源管理标准
		产品召回和回收再利用		售后/交付后的标准
	道德行为	企业文化、诚信体系、公益性、社会责任		规划计划和企业文化标准

注：关键过程、资源和要素，以及标准化对象不限于本表所列的内容；企业应甄别法律、法规、规章和强制性标准所对应的领域（如安全、环境和资源等），可以将相关的要求转化为标准，纳入相应的标准体系中。例如，将《劳动合同法》的要求转化为标准，纳入基础保障标准体系的人力资源标准体系中。

企业可按照表6-3所示的企业标准化现状分析来确定标准化方案。

表 6-3　企业标准化现状分析

对 象 分 析		要 素 分 析		结 论 建 议
企业组织结构		组织机构与业务流程适宜性		优化组织机构或建立、调整相关标准体系
企业体系标准	已建立	体系的目标性、完整性、适宜性		企业标准体系的延续、变更或再设计
	未建立	体系的必要性		按照本标准建立企业标准体系
其他管理体系	已建立	企业标准文件已整合	通用性要求	按照本标准,对各种体系内标准文件直接纳入或修订后纳入企业标准体系
			特定性要求	
		各管理体系标准未整合		
	未建立	—		按照本标准建立企业标准体系
企业管理制度及其他标准		制度涉及的对象流程等与标准化对象的契合度		企业标准体系的架构延续、变更或补充,将相关系统性管理活动固化为标准,纳入体系

注:分析对象可不限于本表所列内容。

　　通过表 6-1 和表 6-2,企业可以获得真实的标准化需求,结合表 6-3 所示的标准化现状分析可以确定标准化方案。这里需要强调的是,一定要把标准化现状分析与问卷分析结合起来。

　　决策一定要遵照基于事实进行决策这一原则。很多企业的决策者在没有制定企业标准的情况下就想把自己企业的产品、服务、实验方法做成国家标准,这是非常不现实的。企业在制定标准时必须循序渐进,应当先从制定企业标准做起,当企业标准被多家企业认可并采用时,可以考虑将企业标准做成团体标准。国家之所以开放团体标准,就是为了提高标准的有效供给。只有在实践中被广泛认可的团体标准才可能转换成行业标准甚至国家标准。

　　在进行标准化需求分析时还应参考《中华人民共和国工业产品生产许可证管理条例》《中华人民共和国认证认可条例》等与标准化工作密切相关的法律法规。

　　通过标准化需求分析的实践经验可知,标准化需求分析主要是围绕以下几个方面进行的:

　　(1)建立、完善标准化工作机制。

　　(2)建立和完善标准档案管理机制。

　　(3)研制所需的标准,包括技术标准和管理标准,这些标准也可以按照标准化对象分成术语、符号、分类、试验方法、规范、规程、指南、产品、过程、服务等类型。

　　(4)实施标准。

（5）对标准实施进行监督和检查。

（6）对标准化工作进行评价和改进。

（7）由于体制的原因，可能还有很多建立标准体系的需求。

上述这些方面为标准化需求分析提供了一个框架，根据这个框架可以在进行标准化需求分析时做到有的放矢。

上面的框架中列出的仅仅是常见的情况，各相关机构可根据各自的情况进行标准化需求分析，得到各自的需求。例如，有的外贸企业对于国外的技术法规和技术标准有需求，还有的机构对某些国际标准化机构的标准有需求，尤其是那些需要获得"中华人民共和国工业产品生产许可证"才能进行生产的企业，通常会对标准有一些特殊的需求。这些标准化需求要在标准化方案中反映出来，并在实际的标准化活动中体现出来，以保证标准化需求分析确实反映了标准化活动的实际需求。

在上面的框架中，最重要的是在完成标准化现状分析后结合第（3）条找出满足实际需求的标准。

6.3 标准化需求分析的项目申报书

前面提到，标准化需求分析主要是围绕建立和完善标准化管理机制、建立和完善标准档案管理机制、建立和完善标准体系、研制所需的标准、实施标准、对标准实施进行监督和检查，以及对标准化工作进行改进等方面进行的。

各类机构通常都有自己的项目申报书。在完成标准化需求分析后，还需要将需求分析的结果写成报告并填写项目申报书。项目申报书在经过相关专家评审和领导批准后，可形成项目任务书，这时就可以根据项目任务书的要求开始工作了。那么应该如何填写项目申报书呢？各类机构的项目申报书格式略有差异，但主要栏目都是相同的，这些栏目除了基本信息，一般都包括以下内容：

（1）项目的必要性和需求分析。

（2）主要目标和主要任务。

（3）相关领域国内外技术现状、发展趋势及国内现有工作基础。

（4）技术、经济效益及成果共享方式。

（5）实施年限、经费概算与资金筹措。

（6）必要的支撑条件、组织措施及实施方案。

（7）专项经费管理咨询委员会的推荐意见。

（8）其他需要说明的问题。

第 **7** 章
标准化活动的策划

7.1 概述

在完成了标准化需求分析后，接下来的工作就是策划标准化活动。本书第 3 章介绍了如何确定标准化的方针和目标，第 5 章介绍了标准化的原则与方法。本章将结合第 3 章、第 5 章，根据标准化需求分析的结果来策划标准化活动，以确定实现标准化目标所需的过程和职责，以及确定标准化活动的过程顺序和相互作用。

7.2 标准化活动的策划方法

7.2.1 基本方法

ISO9001 系列标准不仅要求大的标准化活动采用 PDCA 循环，还要求在标准化活动中的每个过程中也采用 PDCA 循环，以提高质量。在策划前需要考虑各种因素，尤其是需求因素。在完成标准化需求分析后就可以开始策划标准化活动了，然后实施策划方案。在完成策划方案实施之后对实施的结果进行检查并记录，发现问题后及时改进，主要包括策划、实施、检查等方面的改进。

标准化活动策划的基本方法就是根据标准化需求分析的结果，对每个过程按照 PDCA 循环来进行策划。

7.2.2 标准化工作机制的建立和完善

标准化工作机制是各级标准化机构必须建立和完善的内容，以便有序开展标准化活动。本书第 2 章解析了 ISO/IEC 导则和 ISO/IEC 指南，ISO 和 IEC 的 TC、SC 及 WG 都有各自的工作章程和机构运作程序文件，这些工作章程和机构运作程序文件可以作为各国建立标准化工作机制的模板。

目前，我国与 ISO 和 IEC 对口的 TC、SC 及 WG 也都建立了各自的工作章程和机构运作程序文件，这些标准化工作机制在结合我国国情的基础上，参考了 ISO 和 IEC 的标准化工作机制。

国内需要建立和完善标准化工作机制的机构主要是从事团体标准和企业标准制定的标准化机构，为了保证机构标准化活动的平稳、有序开展，这些机构应当建立和完善各自的标准化工作机制。这些机构在建立和完善各自的工作章程和机构运作程序文件时，应该在各个机构实际情况的基础上，参考国内各个 TC、SC 及 WG 的工作章程和机构运作程序文件。

从事团体标准和企业标准制定的标准化机构还应当编制相应的标准化工作指南，将相关标准化工作以指南的形式给出。编制标准化工作指南时通常应遵循下面的要求：

（1）充分体现实施的基础标准、技术标准、管理标准及管理制度。

（2）广泛征求意见，确保标准化工作指南的可行性和正确性。

（3）重点抓好生产现场工作岗位，以及生产、技术、经营、管理等岗位的工作指南。

（4）标准化工作指南的内容必须有侧重点，重点是直接影响产品或工程质量的工作要求，以及容易导致质量失控的难点。

标准化工作指南的编写方法如下：

（1）标准化工作指南的名称通常为"岗位名称+工作指南"。

（2）岗位的职责或任务应当简明扼要地规定该岗位的职责、权限及其主要的工作任务。

（3）聘任资格/上岗条件即岗位人员的素质要求，可将其与人事管理和业务培训结合起来。

（4）工作程序通常用框图或程序图表示。

（5）工作内容和要求通常是将框图或程序图用文字形式表示出来。

（6）检查与考核通常包括检查方法和考核指标。

7.2.3　标准档案管理机制的建立和完善

通常标准化工作文件可以以管理文件的形式出现，也可以以标准的形式出现。具体选用哪种形式视各机构的具体情况而定。如果以管理文件的形式出现，则可能需要多个文件才能把相关的标准化工作梳理清楚。例如，可能需要编写下列文件：

（1）关于标准化工作的组织机构和职责文件。

（2）关于标准的制定修订及维护程序文件。

（3）关于标准宣贯、实施、检查、改进以及标准化创新的文件。

这些文件需要按照公文的格式、结构及语言的要求来编写。

如果标准化工作文件以标准的形式出现，则只需要起草一个标准就可以将上述所有内容都包含在其中，便于使用。而在起草标准化工作标准时需要遵守 GB/T 1.1 规定的结构和编写要求。

7.2.4　研制所需的标准

不同等级的标准化机构根据第 6 章介绍的方法对标准化现状进行分析后，结合问卷的方式可获得该机构真实的标准化需求，这些需求中往往包括了那些目前国际国内还未涉及的标准化领域或者没有相关的标准，这就需要标准化机构研制自己所需的标准。根据业务类型的不同，可将需要研制的标准分为技术标准和管理标准；根据标准内容的不同，可将需要研制的标准分为术语、符号、分类、试验方法、规范、规程、指南等类型；根据标准化对象的不同，标准可以分为产品标准、过程标准和服务标准。

研制标准的主要工作包括确定起草标准所需的过程和人员分工，以及确定起草标准过程的顺序和各过程的衔接。研制标准的流程如下所述：

（1）确定标准名称。

（2）建立标准起草组，确定起草组人员并确定人员的分工和职责。

（3）确定标准起草各过程的开始时间、各过程之间的衔接时间，以及各过程的结束时间。

（4）在限定的时间内查询资料并汇总。

（5）确定标准框架和要素。

（6）聘请合适的专家。

（7）完成标准的草案。

（8）对草案进行讨论。

（9）形成征求意见稿并征求意见。

（10）对征求的意见进行讨论并形成送审稿。

（11）完成标准审查所需的材料并召开审查会。

（12）审查会通过后按审查会专家的意见进行修改，形成报批稿并上报。

（13）标准的批准和发布。

（14）对标准进行复审和修订。

7.2.5　标准的实施

标准实施的主要工作包括确定实施的原则、过程、人员分工，以及确定标准实施过程的顺序和各过程的衔接。标准实施的流程如下所述：

（1）确定将要实施的标准名称。

（2）确定标准实施的原则和方法。

（3）确定标准实施的人员并确定人员的分工和职责。

（4）确定标准实施各过程的开始时间、各过程之间的衔接时间，以及各过程的结束时间。

（5）对标准实施的过程和结果进行总结与改进。

7.2.6　标准实施的监督和检查

标准实施的监督和检查的主要工作包括确定监督和检查的原则、过程、人员分工，以及确定标准实施监督和检查各过程的顺序，各过程的衔接。标准实施的监督和检查流程如下所述：

（1）确定将要监督和检查的标准名称。

（2）确定标准实施监督和检查的原则与方法。

（3）确定标准实施监督和检查的人员，并确定人员的分工和职责。

（4）确定标准实施监督和检查各过程的开始时间、各过程之间的衔接时间，以及各过程的结束时间。

（5）对标准实施的监督和检查进行总结与改进。

7.2.7　标准化工作的评价和改进

标准化工作的评价和改进的主要工作包括确定评价和改进的原则、过程、人员分工，以及确定标准化工作的评价和改进各过程的顺序，各过程的衔接。标准化工作的评价和改进流程如下所述：

（1）确定将要评价和改进的标准化工作名称。

（2）确定标准化工作评价和改进的原则与方法。

（3）确定标准化工作评价和改进的人员，并确定人员的分工和职责。

（4）确定标准化工作评价和改进各过程的开始时间、各过程之间的衔接时间，以及各过程的结束时间。

（5）对标准化工作评价和改进进行检查。

（6）对标准化工作评价和改进进行总结与改进。

7.2.8　标准体系的建立

建立标准体系的主要工作包括确定建立标准体系的原则、过程、人员分工，以及确定标准体系的建立各过程的顺序和各过程的衔接。标准体系的建立流程如下所述：

（1）确定将要建立的标准体系类型。

（2）确定标准体系的建立原则和方法。

（3）确定建立标准体系的人员，并确定人员的分工和职责。

（4）确定建立标准体系各过程的开始时间、各过程之间的衔接时间，以及各过程的结束时间。

（5）对建立的标准体系进行检查。

（6）对建立的标准体系进行总结和改进。

第 **8** 章

标准的编写与实施

8.1 标准的编写

8.1.1 概述

在完成标准化活动的策划后，就可以进入标准的编写与实施阶段。本章将重点介绍标准的编写和实施方法。

根据标准属性（业务类型）的不同，标准可以分为技术标准和管理标准；根据标准化对象的不同，标准可以分为产品标准、过程标准和服务标准；根据标准内容的不同，标准可以分为术语、符号、分类、试验方法、规范、规程、指南、产品、过程、服务等类型。

根据标准内容进行分类是最为普遍和适用的，因此本章在介绍标准的编写时，采用根据标准内容进行分类的方式，不像传统教科书那样采用根据标准属性分类的方法。

本章重点介绍产品标准、规范标准、规程标准、指南标准、试验方法标准、设备完好标准、服务标准、评价体系标准等在实践中得到广泛应用的标准编写方法，以及标准的实施原则和方法。

8.1.2 产品标准的编写

8.1.2.1 产品标准的策划

产品标准是最重要的技术标准，它是衡量产品质量的依据。在国际标准中，有很多是产品标准。在我国的标准体系中，产品标准占有重要地位，目前有大量的国家标准和行业标准都是产品标准。随着世界经济全球化和 TBT 协议的实施，世界各国越来越重视产品标准。产品标准已经成为产品出口必须遵守的规则，在标准中不仅占有重要的地位，而且占有很大比例。制定产品标准的目的是提高企业的产品质量，加强企业的生产管理，保证产品的安全可靠。并不是所有的产品必须制定产品标准，大部分产品不需要制定产品标准，它们只需要遵守相关的国家标准或行业标准即可。在以下两种情况下需要制定产品标准：

（1）如果企业生产的产品没有相应的国家标准、行业标准或地方标准，则需要制定产品标准。

（2）为促进技术进步和提高产品质量而需要制定严于国家标准、行业标准和地方标准的产品标准。

在编写产品标准时，不仅要进行科学的调研和分析，以确定是否需要制定该标准，还要收集相关的文献资料，如相关的国际标准、国家标准及行业标准。如果产品要出口欧美等国家，在制定产品标准时一定要参考欧美等国家的技术法规和相关标准，以免产品无法达到进口国相关技术法规或标准的要求，造成经济损失。在编写产品标准的过程中，要将 GB/T 1.1—2020 和 GB/T 20001.10—2014 的规定与相关领域的专业知识结合起来，以便编写出符合用户需求的产品标准。

8.1.2.2　产品标准的编写方法

1）产品标准的编写原则

5.3.1 节介绍了标准编写的原则，在编写产品标准时，不仅要遵守 5.3.1 节介绍的原则，还要遵守目的性原则、性能最大自由度原则、可验证性原则、数值的选择性原则、多产品规格协调原则、避免重复原则等。

2）产品标准的结构

按照 GB/T 1.1—2020 和 GB/T 20001.10—2014 的要求，产品标准的要素主要有封面，目次，前言，引言，标准名称，范围，规范性引用文件，术语和定义，符号代号和缩略语，分类、标记和编码，技术要求，取样，试验方法，检测规则，标志、包装、运输、贮存，规范性附录，资料性附录，参考文献，索引等。

3）产品标准要素的编写

（1）名称的编写。产品标准的名称一般采用产品的名称。

（2）范围的编写。在产品标准的范围中应明确该产品标准所涉及的具体产品，并指出产品标准所涉及的具体内容，如符号代号和缩略语，分类、标记和编码，技术要求，取样，试验方法，检测规则，标志，包装，运输，贮存等。同时，产品标准的范围还应指出该产品标准的预期用途和适用界限，或标准的使用对象。

（3）符号代号和缩略语，以及分类、标记和编码的编写。产品标准中的符号代号和缩略语，以及分类、标记和编码为可选要素，它们可以为符合规定的产品建立一个分类、标记和编码体系。

（4）技术要求的编写。技术要求是产品标准的核心和必备要素，技术要求通常包括一般要求、适用性要求及其他要求。

① 一般要求包括：

● 直接或以引用方式规定产品的所有特性；
● 可量化特性所要求的极限值；
● 针对每项要求，引用测定或验证特性值的试验方法，或者直接规定试验方法。

② 适用性要求包括：

● 可用性；
● 健康、安全，以及环境或资源的合理利用；
● 接口、互换性、兼容性或相互配合；
● 品种控制。

③ 其他要求包括：

● 产品的结构；
● 产品的材料；
● 产品的工艺；
● 其他相关的要求。

（5）取样的编写。产品标准中取样为可选要素，用于规定取样的条件和方法，以及样品的保存方法。

（6）试验方法的编写。试验方法是产品标准的核心要素，主要包括：

① 一般试验的要求。

② 试验方法。

③ 可供选择的试验方法。

④ 按准确度选择试验方法。

这里必须要说一下产品的型式试验。型式试验指的是为了验证产品能否满足技术规范的全部要求所进行的试验，它是新产品鉴定中必不可少的一个环节。只有通过型式试验，该产品才能正式投入生产。对产品认证来说，一般不对再设计的产品进行认证。

为了达到认证目的而进行的型式试验，是对一个或多个具有代表性的样品利用试验手段进行的合格性评定。对于通用产品来说，型式试验的依据是产品标准；对于特种设备来说，型式试验是取得制造许可的前提，试验依据是型式试验规程或型式试验细则。

型式试验的检测范围为：

① 新产品或老产品转厂生产的试制定型检验。

② 产品正式生产后，如结构、材料、工艺有较大的改变，可能影响产品质量及性能时。

③ 产品正式生产时，定期或积累一定产量后，应周期性地进行一次检验。

④ 产品长期停产后，恢复生产时。

⑤ 本次出厂检验结果与上一次型式试验有较大差异时。

⑥ 国家质量监督机构提出进行型式试验要求时。

（7）检验规则的编写。产品标准中检验规则为可选要素，包括针对产品的一个或多个特性，给出测量、检查、验证产品符合技术要求所遵循的规则、程序或方法等内容。产品标准不涉及合格评定方案和制度的通用要求。如果产品标准中需要规定检验规则，则应在必要时指出检验规则的适用范围、供应商（第一方）、用户或订货方（第二方），以及合格评定机构（第三方）分别适用的检验类型、检验项目、组批规则、取样方案和判定规则等。

（8）标志、标签和随行文件的编写。标志、标签和随行文件包括：

① 一般要求。

② 标志、标签的要求。

③ 产品随行文件的要求。

④ 包装、运输和贮存的条件。

产品标准中包装、运输和贮存为可选要素，需要时可规定产品的包装、运输和贮存条件等技术要求。

4）数值的选择

数值的选择包括以下几类：

（1）极限值。根据特性的用途可规定极限值（最大值和/或最小值）；

（2）可选值。根据特性的用途可选择多个数值。

（3）由供方确定的值。在多样化的情况下，不必对产品的某些特性规定特性值。

以上是编写产品标准时的部分要素，用户在编写产品标准时应该遵守上述规定。

这里给出一个企业产品标准的样例。该样例是法国某液化空气公司的医用阀门标准。由于该公司是一家全球化的跨国公司，它的高压医用阀门是一款专利产品，技术水平和技术含量非常高，产品远销世界各国。该公司的产品标准在技术要求和型式试验上表述得非常清晰，非常有利于进口国在进口前进行型式试验，以确保产品的质量与其要求的一致。由于该公司希望将医用阀门打入中国市场，因此将该公司的产品标准提交给我国的气瓶标准化技术委员会审查。我国的气瓶标准化技术委员会经过专家审查后通过了该标准。产品标准通过审查后，由我国的特种设备检测研究院按照该产品标准对产品进行了型式试验。该产品通过型式试验后获得了进入中国市场的许可。目前，该产品已经在我国各大医院使用。该公司的产品标准编写得非常严谨，在此作为样例供读者参考。

对于那些打算将产品打入欧美市场的公司，一定要注意这些国家的技术法规和技术标准的要求。通常在产品出口合同上都会要求满足进口国的技术法规或技术标准的要求，因此，在产品的生产加工上一定要注意这些要求。同时还必须使自己的产品标准符合这些国家的技术法规和技术标准要求，产品标准的技术要求部分和型式试验部分一定要完整、详细，以便第三方进行型式试验。

8.1.3　规范标准的编写

8.1.3.1　规范标准的策划

对产品、过程和服务等标准化对象进行标准化，典型做法之一就是在标准中规定这些标准化对象需要满足的要求。如果有必要判定声称符合这些标准的各种活动及其结果是否满足标准的要求，就要在标准中描述对应的证实方法。这样形成的标准即规范标准。规范标准的功能通常是通过提供可证实的要求对标准化对象进行规定，其必备要素包括要求和证实方法。这两个要素是规范标准区别于其他类型标准的一个显著特征，它们的有机结合使得判定各种活动及其结果是否符合标准中的要求成为可能。因此，规范标准可以作为采购、贸易的基础，作为判定产品、过程、服务的符合性依据，作为自我声明、自我认证的基准。

在编写规范标准时，不仅要进行科学的调研和分析，以确定是否需要制定该标准，还要收集相关的文献资料，如相关的国际标准、国家标准及行业标准。在必要时还需要参考欧美国家的技术法规和相关标准。在编写产品标准的过程中，要将 GB/T 1.1—2020 和 GB/T 20001.5—2017 的规定与相关领域的专业知识结合起来，以便编写出符合用户需求的规范标准。

8.1.3.2　规范标准的编写方法

1）规范标准的编写原则

（1）目的导向原则。目的导向原则是规范标准的技术要素中拟标准化的特性或内容的选取原则，即规范标准中拟标准化的特性或内容的选取与确定取决于标准化的目的。在起草规范标准时需要明确标准化的目的，在此基础上对标准化对象进行功能分析，有助于识别规范标准中拟标准化的特性和内容。标准化的目的通常有：保证可用性，保障健康、安全，保护环境或促进资源的合理利用，便于接口、互换、兼容或相互配合，利于品种控制，促进相互理解和交流等。

（2）性能/效能原则。性能/效能原则是规范标准中要求的表述原则，即标准中的要求由反映产品性能、过程或服务效能的具体特性来表述，通常不使用其他特性（如描述特性、设计特性等）来表述，以便给技术发展留有最大的自由度。在遵守性能/效能原则时，需要注意确保要求中不遗漏对标准化功能产生重要影响的产品性能或过程/服务效能。

性能/效能原则是考虑如何针对特性规定要求时优先考虑的原则。在遵守这一原则时，有可能无法确定恰当的性能/效能特性及特性值，也有可能引入那些既耗时又复杂且昂贵的证实过程，还有可能无法找到恰当的证实方法。因此，是采用性能/效能特性表述要求还是采用其他特性要求，需要认真权衡利弊。

（3）可证实性原则。可证实性原则是指在规范标准中只规定能够在较短时间内得到证实的要求。遵守可证实性原则意味着针对要求描述对应的证实方法，但这并不意味着这些方法一定要实施，只有在应有关方面要求时才予以实施。

126

规范标准的要素"要求"中规定的每个要求都需要符合可证实性原则。因此,仅定性地规定要求或规定没有证实方法的定量要求通常都是没有意义的。

2)规范标准的结构

按照 GB/T 1.1—2020 和 GB/T 20001.5—2017 的要求,规范标准的要素主要有封面、目次、前言、引言、标准名称、范围、规范性引用文件、术语和定义、要求、证实方法、规范性附录、资料性附录、参考文献、索引等。

3)规范标准要素的编写

(1)名称的编写。规范标准的名称应包含词语"规范",以表明标准的类型。

(2)范围的编写。规范标准的范围应对规范标准中的主要技术内容做出提要式的说明,指明规定的要求种类和证实方法。

(3)要求的编写。

① 通用要求。规范标准中的要素"要求"应通过直接或引用的方式规定以下内容:

● 保证产品、过程、服务适用性的所有特性;
● 特性值;
● 适宜时,描述证实方法。

当标准化对象为系统时,规范中的要素"要求"应通过直接或引用的方式规定以下内容:

● 保证完整的、已安装的系统适用性的所有特性,根据具体情况,还可包括系统各构成要素的特性;
● 特性值;
● 适宜时,描述证实方法。

② 产品规范标准中的要求。在产品规范标准表述要求时应遵守性能原则,即标准中的要求由反映产品性能的具体特性来表述,不宜对设计特性、描述特性或相关过程规定要求,以便为技术发展留有最大的自由度。产品规范标准通常针对使用性能、理化性能、生物学性能、病理学性能、毒理学性能、人类工效学性能、环境适应性等产品性能规定要求,选择各类性能以及确定具体特性时可考虑以下内容:

(a)使用性能:优先考虑规定直接反映产品使用性能的特性,在无法规定或找到直接反映产品使用性能时，可使用间接反映使用性能的可靠代用指标。

（b）理化性能：当产品的理化性能对其使用十分重要，或者产品的使用需要由理化性能加以保证时，规定产品的物理、化学和电磁方面的特性。

（c）生物学、病理学、毒理学性能：当产品的生物学、病理学、毒理学等性能对其使用十分重要，或者产品的使用需要由生物学、病理学、毒理学性能加以保证时，规定产品的生物学、病理学、毒理学等方面的特性。

（d）人类工效学性能：当人机界面上用户的体验影响产品使用效果时，规定产品的人机界面以满足视觉、听觉、味觉、嗅觉、触觉等感官需求的特性。

（e）环境适应性：当产品本身对使用的环境条件有适应性要求时，规定产品对温度、湿度、气压、海拔、冲击、振动、辐射等适应性程度的特性。

产品规范标准通常不对产品结构、材料，以及生产过程和工艺规定要求。

③ 过程规范标准中的要求。过程规范标准中的要求主要包括以下内容：

（a）在过程规范标准中表述要求时应遵守效能原则，即要求由反映过程效能的具体特性来表述，而不应对履行过程的具体行为进行规定。

（b）当无法确定反映过程效能的特性时，或者当过程效能的实现需要由标准化活动的内容加以保证时，可对标准化活动内容的特性进行规定。

（c）当无法确定反映过程效能的特性时，或者当过程运作的控制条件对达到预期效果十分重要，需要由控制条件加以保证时，可规定与运作的控制条件有关的特性，如温度、湿度、水分、杂质等。

（d）根据实际需要，过程规范标准可在规定要求之前陈述执行某个过程所经历的程序、阶段或步骤。

④ 服务规范标准中的要求。在服务规范标准表述要求时应遵守效能原则，即服务规范标准中的要求由反映服务效能的具体特性来表述，除非特殊情况，否则不应对组织机构、人员资质或提供服务所使用的物品、设备等规定要求。服务规范标准应首先选择服务提供者与服务对象接触界面的要求。服务规范标准通常针对服务效果、宜人性、响应性、普适性等规定要求，在选择各类服务效能以及确定具体特性时可考虑以下内容：

（a）服务效果：优先考虑规定反映服务效果的特性或预期交付服务对象的特性，如满意度、有效投诉率、差错率等。

（b）宜人性：当服务对象的体验感受对实现服务效果十分重要时，或者当服务效果需要通过限定服务提供者的行为加以保证时，规定服务提供的便利性、舒适性、愉悦性、感受性等方面的特性，以及服务行为要求。

（c）响应性：当服务效果需要通过规定响应服务需求的能力加以保证时，规定反映服务对象并及时提供服务的特性。

（d）普适性：当服务的适用范围和程度对于服务效果的实现非常重要时，规定反映照顾和考虑所有服务对象的需求特性。

当无法确定反映服务效能的特性时，或者当服务效能的实现确实需要服务内容加以保证时，服务规范标准可规定与服务内容有关的特性，如服务内容的构成、辅助服务提供的文件或材料等。

当无法确定反映服务效能的特性时，或者当服务效能的实现确实需要服务环境加以保证时，服务规范标准可规定与服务环境有关的特性。

当服务规范标准选择不出将要进行标准化的内容或特性，不得不对机构或人员资质、设备设施等提出要求时，应引用现行适用的相关标准。如果没有适用的相关标准，则可在服务规范标准的附录中做出适当的规定。

（4）要求的表述。规范标准中的要求都应以要求型条款表述。为了保证可证实性，规范标准中不应使用诸如"适当的强度""足够坚固""相对完善"等无法证实的表述形式。适宜时，规范标准中的要求型条款可使用表格表述。

（5）证实方法。规范标准中的证实方法可以是测量和试验方法、信息化方法，以及主观评价等其他证实方法。

① 证实方法的一般要求。

（a）规范标准针对"要求"中的每项要求都应描述对应的证实方法。

（b）当证实方法作为单独的章时，应按照与其具有对应关系的"要求"的先后次序编写。

（c）在编写证实方法时，如果存在现行适用标准，则应当引用这些标准；如果没有适用的标准，则可在规范标准中描述相应的证实方法。

（d）当存在多种适用的证实方法时，原则上只描述一种方法。由于某种原因需要列入多种方法时，应指明仲裁方法。

② 证实方法的内容和编写。

（a）编写测量和试验方法时，应包括用于产品、过程或服务是否满足要求以保证结果再现性的所有条款。通常应包含测量/试验步骤和数据处理，综合考虑相关因素，还可增加其他内容，如试剂或材料、仪器设备、技术条件、环境条件等。

（b）编写信息化方法以及主观评价等其他证实方法时，应描述实施该特定证实方法的主体，实施频率，扫描上传、观察、记录、确认/评价的内容，以及相应的计算方法等。

8.1.4　规程标准的编写

8.1.4.1　规程标准的策划

规程标准的标准化对象是过程。对过程进行标准化，典型的做法之一就是在标准中对过程效能提出要求。然而，在实践中有时不能清晰地识别过程效能特性和特性值，或者在技术上能够识别但是由于其他原因导致不能制定过程规范标准。在某些情况下，虽然已经有现行的相关规范，但有必要为标准化活动的开展规定明确的程序。针对这些情况，通常可以考虑规定一系列明确的履行程序行为指示，以及程序的阶段/步骤之间的转换条件、程序最终结束条件。如果需要判断声称符合标准的各种活动是否履行了标准中规定的程序，就要在标准中描述对应的追溯/证实方法。这样形成的标准即规程标准。规程标准的功能是通过明确具体、可操作、可履行的行为指示的方式对过程/程序进行规定，其必备要素包括程序确立、程序指示和追溯/证实方法。这三个要素是规程标准区别于其他类型标准的一个显著特征，它们的有机结合使得判定各种活动是否履行了规定的程序成为可能。

在编写规程标准时，不仅要进行科学的调研和分析，以确定是否需要制定该标准，还要收集相关的文献资料，如相关的国际标准、国家标准及行业标准。在必要时还需要参考欧美国家的技术法规和相关标准。在编写产品标准的过程中，要将 GB/T 1.1—2020 和 GB/T 20001.6—2017 的规定与相关领域的专业知识结合起来，以便编写出符合用户需求的规程标准。

8.1.4.2　规程标准的编写方法

1）规程标准的编写原则

（1）可操作性原则。可操作性原则即标准中规定的履行程序的行为指示清晰、明确、具体、易于操作和履行。可操作性原则意味着只要执行标准中规定的行为指示，并且遵守阶段/步骤之间的转换条件或程序最终结束条件，就可以顺利地履行完成规程标准中确立的程序。

规程标准的要素"程序指示"中规定需要符合可操作性原则，因此，要按照一定的规律对履行程序的行为给予指示，并且对程序中所需要的转换条件和约束条件规定明确的要求，以保证阶段/步骤之间的衔接是连贯的，程序的完成是明确的。

（2）可追溯/可证实性原则。可追溯/可证实性原则即标准中规定的程序是否被履行要能够通过溯源材料的提供或有关证实方法得到证明或证实。符合可追溯/可证实性原则，意味着规程标准中需要描述对应的追溯/证实方法，但这不意味着这些方法都一定要实施，只有应有关方面要求时才予以实施。

规程标准的要素"程序指示"中的规定需要符合可追溯/可证实性原则，因此，含混的行为指示、转换条件或约束条件通常都是没有意义的。

2）规程标准的结构

按照 GB/T 1.1—2020 和 GB/T 20001.6—2017 的要求，规程标准的要素主要有封面、目次、前言、引言、标准名称、范围、规范性引用文件、术语和定义、程序确立、程序指示、追溯/证实方法、资料性附录、规范性附录、参考文献、索引等。

3）规程标准要素的编写

（1）名称的编写。规程标准的名称应包含词语"规程"，以表明标准的类型。规程标准名称中的"规程"应译为"code of practice"。

（2）范围的编写。规程标准的范围应对规程标准中的主要技术内容做出提要式的说明，指明规程标准中所针对的具体程序的名称，阐明规定了程序中哪些具体阶段/步骤的行为指示，以及转换条件或约束条件，指出所描述的追溯/证实方法。

（3）程序确立。在编写要素"程序确立"时应满足以下要求：

① 编写要素"程序确立"时，应按照通常的逻辑顺序确立标准中所针对的具体程序构成。根据规程标准中规定的内容，要素"程序确立"给出的可能是某项标准化活动的完整程序，也可能是程序的某个阶段。

② 根据具体情况，程序可划分为步骤。如果程序内含有很多步骤，可先将程序细分为阶段，再将每个阶段进一步细分为步骤。

③ 可采用以下方式确立规程标准中所针对的具体程序的构成：

（a）使用陈述型条款。

（b）使用流程图。

如果使用方式（a）足够清晰地描述程序的构成，那么可仅使用方式（a）来确立程序。

如果程序很复杂，使用方式（a）不足以清晰准确地描述程序的构成，那么可综合使用方式（a）和方式（b）来确立程序。在这种情况下，使用方式（a）描述程序构成的陈述型条款的内容宜简练，且方式（a）和方式（b）所表述的内容不应矛盾或冲突。流程图可包含具体确定含义的符号、简单的说明性文字等。流程图中所使用的符号、符号名称及用途应符合相关领域现行适用标准的规定。

④ 当一个阶段/步骤存在多个可供选择的后续阶段/步骤时，应阐明这些后续阶段/步骤各自的适用情况。根据实际需要，还可阐明这些供选择的后续阶段/步骤之间的关系。

⑤ 根据具体情况。要素"程序确立"的内容可并入要素"程序指示"，并位于程序指示的起始部分。

（4）程序指示。

① 要素"程序指示"应包括：履行阶段/步骤的行为指示；转换条件/结束条件。

根据履行程序的需要，当一个阶段/步骤存在多个可供选择的后续阶段/步骤时，要素"程序指示"应规定针对每个后续阶段/步骤的转换条件，并保证这些转换条件之间是合理、可区分的。

如果要素"程序确立"给出的是程序的某个阶段或者不需要规定转换条件，那么要素"程序指示"应规定结束条件。

② 行为指示应按照通常的逻辑顺序编排，使用指示型条款表述。转换条件和结束条件应使用要求型条款表述。

③ 要素"程序指示"应根据要素"程序确立"的情况设置章或条。通常阶段可设置成章，步骤设置成条。根据履行阶段/步骤需要进行的操作，规定相应的指示。

④ 行为指示宜以带有编号的列项的形式编排，以便更好地展现先后顺序。

⑤ 如果在行为指示中可能存在危险，且需要采取专门措施，则应在要素"程序指

示"的开头用黑体字标出警示的内容，并写明专门的防护措施。

（5）追溯/证实方法。

① 概述。在规程标准中，判定程序是否得到履行的方法为：

（a）追溯方法，包括过程记录/标记、录音、录像等。

（b）证实方法，包括对比、证明文件、测量和试验方法等。

对于行为指示，通常考虑编写追溯方法；对于转换条件和结束条件，通常考虑编写证实方法。

② 一般要求。

（a）在编写规程标准时，应遵守可追溯/可证实性原则。对于要素"程序指示"中规定的行为指示，应描述在关键节点对应的追溯方法；对于转换条件和结束条件，应描述满足这些条件对应的证实方法。在规程标准中，追溯/证实方法既可以并入要素"程序指示"中，也可以作为单独的章，还可以作为规程标准的规范性附录。当追溯/证实方法作为单独的章时，应按照与其具体对应关系的行为指示、转换条件、结束条件的先后顺序编写。

（b）在编写追溯/证实方法时，如果存在现行适用的标准，那么应引用这些标准；如果没有适用的标准，那么可在规程标准中描述相应的追溯/证实方法。

如果存在多种适用的追溯/证实方法，原则上只描述一种方法。由于某种原因需要列入多种方法时，应指明仲裁方法。

③ 追溯/证实方法内容。

（a）在编写测量和试验方法时，应包括试验步骤和数据处理（包括计算方法、结果的表述）。综合考虑相关需求等因素，还可以增加其他诸如试剂或材料、仪器设备、技术条件、环境条件等。

（b）在编写过程（现场）记录/标记、录音、对比、证明文件等追溯/证实方法时，应描述实施该特定证实方法的主体、实施频率、地点，以及记录、标记、录像、对比和证明材料等内容。

8.1.5 指南标准的编写

8.1.5.1 指南标准的策划

在对某些宏观、复杂、新兴的主题进行标准化时，为了加强对主题的认识、揭示其发展规律，需要提供方向性的指导、具体的建议或给出有参考价值的信息，这比规定关于主题的具体特性、规定活动开展的具体程序或描述具体的检测方法更能满足实际需求。在这种情况下，就需要编写指南标准。指南标准的功能是提供普遍性、原则性、方向性的指导，或者同时给出相关建议或信息。指南标准的必备要素是"需考虑的因素"，这也是指南标准区别于其他类型标准的一个显著特征。指南标准能够帮助标准使用者起草相关标准（通常为方法标准、规范标准和规程标准等）或技术文件，或者形成与该主题有关的技术解决方案。

在编写指南标准时，不仅要进行科学的调研和分析，以确定是否需要制定该标准，还要收集相关的文献资料，如相关的国际标准、国家标准及行业标准。在必要时还需要参考欧美国家的技术法规和相关标准。在编写指南标准的过程中，要将 GB/T 1.1—2020 和 GB/T 20001.7—2017 的规定与相关领域的专业知识结合起来，以便编写出符合用户需求的指南标准。

8.1.5.2 指南标准的编写方法

1）指南标准的编写原则

指南标准中的指导是不可或缺的技术内容。指南标准中的技术内容需要构成明确的指导方向，从而能够帮助标准的使用者起草涉及相关主题的标准（如方法标准、规范标准和规程标准）或技术文件，或者形成与该主题有关的技术解决方案，实现指南标准所要达到的目的。如果无法形成清晰、准确且具有明确方向性的技术内容，那就意味着起草指南标准的基本条件还不成熟。

2）指南标准的结构

按照 GB/T 1.1—2020 和 GB/T 20001.7—2017 的要求，指南标准的要素主要有封面，目次，前言，引言，标准名称，范围，规范性引用文件，术语和定义，符号代号和缩略语，分类、标记和编码，总则，需要考虑的因素，资料性附录，规范性附录，参考文献，索引等。

3）指南标准要素的编写

（1）名称的编写。指南标准的名称应包含词语"指南"，以表明标准的类型。指南标准名称中的"指南"应译为"guidance""guidelines"或"guide"。

（2）范围的编写。范围应对不同类别指南标准中的主要技术内容做出说明，指出涉及了哪些"需要考虑的因素"，包含哪些方面的指导，以及建议和信息。

（3）总则的编写。总则是对某主题的总体认识和把握，是经过提炼总结形成的具有适用性的指导原则。根据具体情况，要素"总则"的标题还可以是"总体原则""总体考虑""基本原则"等。如果指南标准设置了要素"总则"，那么应在要素"总则"的基础上编写要素"需要考虑的因素"的内容。

（4）需要考虑的因素的编写。

① 通则。要素"需要考虑的因素"是指南标准的核心内容，根据具体情况，该要素的标题还可以是"需要考虑的内容""需要考虑的要点"等。

指南标准一般可分为（但不限于）试验方法类指南标准、特性类指南标准和程序类指南标准等类别。指南标准类别和所涉及主题的不同，要素"需要考虑的因素"的具体结构和内容也会有所不同。

② 试验方法类指南标准。如果对于某项试验方法的原理、条件和步骤等还不明确，那么可通过起草试验方法类指南标准，提供针对现有试验技术的指导、建议或信息，也可指导标准使用者形成相关的试验方法标准、技术文件，或形成与试验方法有关的技术解决方案。

试验方法类指南标准中的要素"需要考虑的因素"应当根据所涉及的主题来选择和确定，通常包括试验原理、试剂或材料、试验条件、仪器设备、试验步骤、试验数据处理和试验报告等。在要素"需要考虑的因素"中，既可以提供方法性质、选择原则和需要考虑的要点等，从而提供指导或在指导的基础上提供建议；也可以针对具体的"需要考虑的因素"推荐系列选择，以及选择的原则，以供标准使用者选取。

试验方法类指南标准不应包括具体的原理、条件和步骤。

③ 特性类指南标准。为了促进某些新兴或复杂领域和系统的持续发展，有必要在发展初期就建立适用的规则。考虑到与所针对主题的功能直接相关的技术特性或特性值还不明确，既可通过起草特性类指南标准来提供针对特性选择和特性值选取的指导或建议，也可以指导标准使用者形成相关的规范标准、技术文件，或者形成与特性有关的技

术解决方案。

特性类指南标准中的要素"需要考虑的因素"的具体结构和内容与所涉及的主题有关，可根据具体情况考虑"特性选择""特性值选取"两个方面。在要素"需要考虑的因素"中，既可以提供要素"特性选择""特性值选取"的框架、确定原则和需要考虑的要点等，从而提供方向性的指导或在指导的基础上提供建议；也可以针对特性值推荐供选择的系列数据，或一定范围的数据供使用者选取；还可以给出大量的具体技术资料、文件、发展模式案例信息来供标准使用者在进行特性选择和特性值选取时参考。

特性类指南标准不应规定要求，也不应描述证实方法。

④ 程序类指南标准。针对特定过程，若其活动的程序或程序指示不够明确，则既可以通过起草程序类指南标准来提供针对程序确立和程序指示的指导和建议，也可以指导标准使用者形成相关的规程标准和技术文件，或者形成与程序有关的技术解决方案。

程序类指南标准中的要素"需要考虑的因素"的具体结构和内容应当能够表明该活动的规律，根据具体情况可考虑要素"程序确立""程序指示"。在要素"需要考虑的因素"中，既可以提供指导程序确立或程序指示的原则、方法和需要考虑的要点等，从而提供指导或在指导的基础上提供建议；也可针对程序指示推荐供选择的系列行为指示、转换条件和结束条件，并给出选择的原则，以供标准使用者选取。

程序类指南标准不应规定具体履行程序的指示和条件，也不应描述证实方法。

（5）要素的表述。

① 指南标准通常包含指导、建议或信息等，在表述上，指导宜使用推荐型条款或陈述型条款，建议应使用推荐型条款，信息应使用陈述型条款。指南标准不应含有要求型条款，不应含有"要求""总体要求""一般要求""规定"等措辞。如果需要强调，可以使用"……是至关重要的""……是十分必要的""……是……重要因素""最重要的是……"等表述形式。

② 在提供指导时，通常宜在要素"总则"中予以表述，其他具体的指导宜在要素"需要考虑的因素"中相关章或条的起始部分表述。

③ 在提供建议时，宜在指导的基础上给出具体内容，在要素"需要考虑的因素"中表述。

④ 在给出信息时，宜在要素"需要考虑的因素"中表述相关内容。

8.1.6　试验方法标准的编写

8.1.6.1　试验方法标准的策划

以试验、检测、分析、取样、统计、测量、作业等各种方法为标准化对象而制定的标准称为试验方法标准。试验方法标准是一类非常重要的标准，无论 ISO，还是 IEC，以及其他国际标准化机构都非常重视试验方法标准的研制。在 ISO 早期制定的标准中，试验方法标准和产品标准占有很大的比例。美国材料与试验协会（American Society of Testing and Materials，ASTM）制定的标准大部分是材料和产品的试验方法标准。

试验方法标准是给出测定材料、部件、成品等的特性值、性能指标或成分的步骤，以及得出结论的方式的标准。试验方法标准将试验方法作为标准化对象，建立测定指定特性或指标的试验步骤和结果计算规则，以便为试验活动和过程提供指导。试验方法标准的目的是促进相互理解，该类标准具有典型的结构（在文本形式上）、特定的要素，以及相应的内容表述规则，其主要的技术要素包括仪器设备、样品、试验步骤、试验数据处理和试验报告等。

试验方法是分析方法、测量方法等的统称。在实践中，对材料、部件、成品等的指定特性或指标的测定，可能会涉及化学和光谱化学分析、机械或电工试验、风化试验、燃烧试验、辐射照射试验等多种不同类型的试验。

在编写试验方法标准时，不仅要进行科学的调研和分析，以确定是否需要制定该标准，还要收集相关的文献资料，如相关的国际标准、国家标准及行业标准。在必要时还需要参考欧美国家的技术法规和相关标准。在编写试验方法标准的过程中，要将 GB/T 1.1—2020 和 GB/T 20001.4—2015 的规定与相关领域的专业知识结合起来，以便编写出符合用户需求的试验方法标准。

8.1.6.2　试验方法标准的编写方法

1）试验方法标准的编写原则

编写试验方法标准应遵循以下原则：

（1）试验方法标准的结构和编写规则应符合 GB/T 1.1—2020 的规定。

（2）针对同一特性的测定，由于适用的产品不同、所采用的测试技术不同等原因，需要多种试验方法时，宜将每种试验方法作为单独的标准或单独的部分进行编写。

（3）试验方法应能确保试验结果的准确度在规定的要求范围内。在必要时，试验方

137

法应包含关于试验结果准确度限制值的描述。

2）试验方法标准的结构

根据 GB/T 1.1—2020 和 GB/T 20001.4—2015 的规定，试验方法标准的主要要素有封面、目次、前言、引言、标准名称、警示、范围、规范性引用文件、术语和定义、原理、试验条件、试剂或材料、仪器设备、样品、试验步骤、试验数据处理、精密度和测量不确定度、质量保证和控制、试验报告、特殊情况、资料性附录、规范性附录、参考文献、索引等。

3）试验方法标准要素的编写

（1）标准的名称。试验方法标准名称通常由三部分组成，即试验方法适用的对象、所测试的特性、试验方法的性质，如"医疗器械 消毒液浓度 试纸"。当针对同一特性，试验方法标准包含多个独立的试验方法时，在标准名称中宜省略有关试验方法性质的表述。

（2）警示。如果所测试的样品、试剂或试验步骤对健康或环境可能有危险或可能造成伤害，则应指明所需要的注意事项，以引起该标准使用者的警惕。表达警示的文字应使用黑体字。如果危险属于一般性的或来自所测试的样品，则应在正文首页标准名称下给出；如果危险来自特定试剂或材料，则应在试剂或材料的标题下给出；如果危险是试验步骤所固有的，则应在试验步骤的开始处给出。

（3）范围。范围应简明地指出要测定的特性，并特别说明所适用的对象。在必要时，还可指出标准不适用的界限或存在的各种限制。

针对同一对象的同一特征，且基于同一基本测试技术，如果试验方法标准需要包含不止一种试验方法，则应在范围中清晰地指明所列试验方法的适用界限或适用的检验类型，并将各种试验方法安排在独立的章中。如果适用，范围还应包括使用的试验技术及试验场所。

（4）原理。在必要时，应指明试验方法的基本原理、基本性质和基本步骤。

（5）试验条件。如果试验方法受试验对象本身之外的试验条件影响，如温度、湿度、气压、风速、流体速度、电压和频率等，则应在试验条件中明确指明开展试验所需的条件。

（6）试剂或材料。要素"试剂或材料"的主要内容包括：

① 要素"试剂或材料"通常包括可选的引导语和详述试验中所使用的所有试剂和/或材料。

② 指明所使用的试剂和/或材料，并给出所需的详细说明。

③ 在要素"试剂或材料"中按照顺序编号，以便于标识。编号的先后顺序为：

（a）所使用的试剂和/或材料。

（b）溶液或悬浮液。

（c）标准滴定溶液和标准溶液。

（d）指示剂。

（e）辅助材料。

④ 按照惯例，水溶液不应作为试剂和/或材料。

⑤ 不应列出在制备某试剂和/或材料过程中使用的试剂和/或材料。

⑥ 如果需要，还应在单独的段中特别指明贮运试剂和/或材料的注意事项和贮运期。

（7）仪器设备。要素"仪器设备"的主要内容包括：

① 应在试验前详细列出在试验中所使用的仪器设备的名称和特性。如果适宜，还应提及有关试验室的玻璃器皿和仪器的国家标准或其他适用标准。在特殊情况下，要素"仪器设备"还应给出仪器和仪表的计量校定、校准要求。

② 对于非市售的仪器设备，在要素"仪器设备"中还应包括这类仪器设备的规格和要求，以便其他各方能进行对比试验。对于特殊类型的仪器设备及其安装方法，要素"仪器设备"还宜给出仪器设备的要求等内容。

（8）样品。要素"样品"的主要内容包括：

① 应给出制备样品的所有步骤，明确试验前样品应满足的条件，如尺寸及数量、技术状态、特性、贮运条件要求等。

② 宜使用祈使句对人工采集样品给出必要的指导。若试验结果是针对不同样品试验的组合，则需要对采集样品进行特别描述。如果适用，采集样品的方法宜直接引用现行标准。如果没有现行标准，要素"样品"可包括采集样品的方案和步骤。

③ 要素"样品"还应陈述或用公式表示称量或量取样品的方法和样品的质量或体

积及所需的测量准确度。

④ 在试验过程中，如有必要保留某一试验步骤得到的产物作为以后某试验步骤的样品，则应在要素"样品"中给予明确的说明。

⑤ 样品可以是整体产品、半成品或部件。

（9）试验步骤。要素"试验步骤"的主要内容包括：

① 通则。

（a）试验步骤包括试验前的准备工作和试验中的实施步骤。

（b）试验步骤中的操作或系列操作应按照逻辑顺序分组。

（c）当给出备选步骤时，应阐明与主选步骤的相互关系，即哪个是优先步骤哪个是仲裁步骤。

（d）如果在试验步骤中存在危险，且需要采取专门防护措施，则应在"试验步骤"开头用黑体字标出警示的内容，并写明专门的防护措施。

（e）在必要时，可在试验方法标准的附录中给出有关安全措施和急救措施的细节。

（f）试验步骤中试剂或材料名称后的括号内可写上相应的编号以避免重复这些试剂或材料的特性。

（g）试验步骤中仪器设备名称后的括号内可写上相应的编号，以避免重复这些仪器设备的特性。

② 校准仪器。如果需要使用校准过的仪器，则应在"试验步骤"中适当的位置单独设立一条，以祈使句给出校准的详细步骤，并编写校准曲线或表格，以及使用说明。

③ 试验。试验通常包括预试验或验证试验、空白试验、对比试验、平行试验。

（10）试验数据处理。要素"试验数据处理"的主要内容包括：

① 在进行试验数据处理时应列出试验所录取的各项数据。

② 应给出试验结果的表示方法或结果计算方法。

（11）精密度和测量不确定度。要素"精密度和测量不确定度"的主要内容包括：

① 精密度。对于实验室试验的方法，应指明其精密度数据。

② 测量不确定度。测量不确定度是表征试验方法所得到的单个试验结果或测量结果的分散性参数。在必要时，可给出测量不确定度。

（12）质量保证和控制。要素"质量保证和控制"应说明质量保证和控制的程序，并给出有关控制样品、控制频率和控制准则等内容，以及当过程失控时应采取的措施。

（13）试验报告。要素"试验报告"至少应包括试验对象、所使用的标准、所使用的方法、结果、观察到的异常现象、试验日期。

（14）特殊情况。要素"特殊情况"包括测试的样品中是否由于含有特殊成分而需要对试验步骤做出各种修改。修改试验方法的内容应包括以下方面：

① 修改试验方法的原理。

② 如果需要修改采集样品的方法，则应说明新的采集样品的方法。

③ 新的试验步骤或修改的说明。如果只给出修改内容，则有必要指明每个修改在一般步骤中的具体位置。

④ 适用于修改后的试验步骤的计算方法。

以上是编写试验方法标准时部分要素的规定，用户在编写试验方法标准时应该遵守上述规定。

8.1.7　设备完好标准的编写

8.1.7.1　设备完好标准的策划

设备完好率是指完好的生产设备在全部生产设备中的比重，是反映企业设备技术状况和评价设备管理工作水平的一个重要指标，也是设备管理的基本依据。设备完好率体现了一个企业的管理水平，设备完好率高的企业或车间说明平时的维护和保养到位，是设备管理的基本依据。

设备完好标准是一类企业标准，一般达到此标准意味着：

（1）设备性能良好，如机械加工设备的精度达到工艺要求。

（2）设备运转正常，如零部件磨损、腐蚀程度不超过技术规定标准，润滑系统正常，设备运转无超温、超压现象。

（3）原料、燃料、油料等消耗正常，没有油、水、汽、电的泄漏现象。对于各种不同类型的设备，还要规定具体标准。例如，传动系统的变速要齐全、滑动部分要灵敏、油路系统要畅通等。

设备完好标准通常有如下要求：

（1）设备性能良好，机械设备能稳定地满足生产工艺要求，动力设备的功能达到原设计规定标准，运转无超温、超压、超速现象。

（2）设备运转正常，零部件齐全、安全防护装置良好，磨损腐蚀程度不超规定标准，制动系统、计量仪器仪表和润滑系统工作正常。

（3）原材料、燃料、润滑油等消耗正常，基本无跑冒滴漏现象。

（4）设备技术资料齐全、准确。

（5）设备外观整洁、卫生。

在编写设备完好标准时，不仅要进行科学的调研和分析，以确定是否需要制定该标准，还要收集相关的文献资料，如相关的国际标准、国家标准及行业标准。在必要时还需要参考欧美国家的技术法规和相关标准。在编写设备完好标准的过程中，要将GB/T 1.1—2020 的规定与相关领域的专业知识结合起来，以便编写出符合用户需求的设备完好标准。

8.1.7.2　设备完好标准的编写方法

1）设备完好标准的编写原则

在编写设备完好标准时，应遵循全面性原则、完整性原则、经济性原则、协调性原则、可操作性原则、有效性原则等。

2）设备完好标准的结构

设备完好标准的主要要素有封面、目次、前言、引言、标准名称、范围、规范性引用文件、术语和定义、设备分类、设备的完整性、设备的整洁性、设备精度、设备运行性能、设备技术档案、资料性附录、规范性附录、参考文献、索引等。

3）设备完好标准要素的编写

设备完好标准要素的编写如下所述：

（1）名称的编写。设备完好标准应在一个组织内统一名称。

（2）设备分类。设备分类依据企业设备分类标准。

（3）设备的完整性。设备的完整性包括设备零件、构件、安全防护装置、计量仪表、随带工具，以及附属设备等是否齐全和完整。

（4）设备的整洁性。设备的整洁性包括设备整洁，无油污、积尘等。

（5）设备精度或技术要求。设备精度或技术要求是设备完好标准的核心部分，包括其精度是否达到出厂时的精度，差距是多少，并规定其满足工艺技术要求的各项技术指标。

（6）运行性能。运行性能主要规定设备在正常使用条件下设备的操作、传动、润滑、液压和仪表系统正常运行的技术状况指标。

（7）设备技术档案。设备技术档案通常包括设备出厂质量检验单，设备附件清单，设备安装图及有关资料，设备精度及检测记录，设备历次修理记录，设备事故记录，设备改装、调拨交接、迁移记录等。

以上是编写设备完好标准时的部分要素规定，用户在编写设备完好标准时应该遵守上述规定。

8.1.8 服务标准的编写

8.1.8.1 服务标准的策划

服务标准化是以服务活动作为标准化对象，其研究范围包括国民经济行业中的全部服务活动。开展服务标准化工作，有利于规范各服务行业的市场秩序、提高服务质量、增强服务企业的核心竞争力，为构建和谐社会提供有利的技术支撑。

通过对服务标准的制定和实施，以及对标准化原则和方法的运用，以达到服务质量目标化、服务方法规范化、服务过程程序化，从而获得优质的服务，这个过程称为服务标准化。服务质量目标化、服务方法规范化和服务过程程序化是不可分割的整体，由它们共同实现服务标准化的功能。

服务的标准化可以从不同的角度和侧面细化进行，现从以下两个方面进行讨论：一是服务流程层面，即服务的递送系统，向顾客提供满足其需求的各个有序服务步骤，服务流程标准的建立，要求对适合这种流程服务标准的目标顾客提供相同步骤的服务；二是提供的具体服务层面，即在各个服务环节中人性的一面，在一项服务接触或"真实的瞬间"中，服务人员所展现出来的仪表、语言、态度和行为等。

服务流程标准化着眼于整体的服务，采用系统的方法，通过改善整个服务体系内的分工和合作方式，优化整个服务流程，从而提高服务的效率，寻求服务质量的保证。

顾客在接受服务的过程中，一方面希望获得专业化的服务，另一方面也希望得到极大的便利，减少等候的时间，方便结算。因此，在进行服务流程标准的设计过程中，要以向顾客提供便利为原则，而不是为了公司内部实施方便。例如，病人到医院看病，要经历挂号、就诊、付款、取药四个环节。即使每个环节的服务人员都工作得非常出色，也很难让病人满意。患者本来就已经很不舒服了，还要忍受这一系列烦琐的事情，即使由其他人代替，这也不是一个让人愉悦的过程。从某种程度上来讲，其流程还有待进一步优化，以最大的可能来满足顾客的便利。

服务通常是生产与消费同步进行的，美容店的服务在没有出售前是不能提供出来的，服务在生产的同时被消费。这种同步性也意味着较高的顾客参与度，服务质量与顾客满意度将在很大程度上依赖于"真实的瞬间"的情况，如果能从这些"真实的瞬间"中提炼出可以标准化的部分，对企业本身而言无疑是一大挑战，同时也会成为服务的亮点。"真实的瞬间"的服务标准化，主要体现为服务人员的仪表、语言、态度和行为标准等。下面解析服务标准的编写。

在编写服务标准时，不仅要进行科学的调研和分析，以确定是否需要制定该标准，还要收集相关的文献资料，如相关的国际标准、国家标准及行业标准。在必要时还需要参考欧美国家的技术法规和相关标准。在编写服务标准的过程中，要将 GB/T 1.1—2020、GB/T 15624—2011 和 GB/T 28222—2011 的规定与相关领域的专业知识结合起来，以便编写出符合用户需求的服务标准。

服务标准主要包括以下类型：

（1）服务基础标准：包括服务术语、服务分类、服务标识和符号。

（2）服务提供标准：包括服务提供者、服务人员、服务环境、服务设施、服务用品、服务合同、服务过程、服务结果。

（3）服务评价标准：包括顾客满意度、顾客等级、服务质量评价。

8.1.8.2 服务标准的编写方法

1）服务标准的编写要求

通常编写服务标准时应满足以下要求：

（1）服务标准的编写应依据服务行业发展现状、特点，以及服务技术条件。

（2）服务标准的编写应依据顾客需求，保护顾客权益，尤其是老年人、儿童、不同文化背景，以及不同行为能力等特殊顾客的期望和权益。

（3）服务标准的编写宜考虑安全和环保方面的要求。

（4）服务标准的编写应确保内容明确、具体和完整。

（5）服务标准的编写宜尽可能设定一些可量化的技术指标，并确保技术指标的适用性、可操作性和先进性。

（6）服务标准编写应符合 GB/T 1.1—2020 的规定。

2）服务标准的结构

服务标准的主要要素有封面、目次、前言、引言、标准名称、范围、规范性引用文件、术语和定义、服务的分类与标识、提供服务的条件、提供服务的过程、服务质量、顾客满意度、服务等级、服务质量评价、规范性附录、资料性附录等。

3）服务标准要素的编写

服务标准要素的编写如下所述：

（1）标准名称通常使用服务的名称，如"中医按摩服务"。

（2）服务的分类包括服务分类原则、依据、具体内容，在必要时可用代码表示服务的类别。服务标识包括标识与符号的内容、示意、设置及日常维护。

（3）服务条件包括服务人员、服务环境、服务设备和设施、服务用品、服务合同等。

（4）服务提供过程包括服务信息提供、服务交付、售后服务等。

（5）服务质量包括经济性、安全性、舒适性、时间性及文明性。

（6）顾客满意度包括顾客满意度信息的收集、满意度指标体系及调查方案。

（7）服务等级包括等级划分与对应的标识、等级要求、评定规则等。

（8）服务质量评价包括评价原则和方法、评价指标要素与指标体系、评价机构和人员、评价程序和要求，以及服务的改进措施等。

以上是编写服务标准时的部分要素规定，用户在编写服务标准时应该遵守上述规定。

8.1.9 评价体系标准的编写

8.1.9.1 评价体系标准的策划

评价体系标准是指由一系列与评价相关的评价制度、评价指标体系、评价方法、评价模型、评价标准及评价机构等形成的有机整体。

评价体系理论源自 20 世纪 80 年代，随着我国社会主义市场经济的发展，出现了各种评价体系标准。

在编写评价体系标准时，不仅要进行科学的调研和分析，以确定是否需要制定该标准，还要收集相关的文献资料，如相关的国际标准、国家标准及行业标准。在必要时还需要参考欧美国家的技术法规和相关标准。在编写评价体系标准的过程中，要将 GB/T 1.1—2020 与相关领域的专业知识结合起来，以便编写出符合用户需求的评价体系标准。

8.1.9.2 评价体系标准的编写方法

1）评价体系标准的编写原则

在编写评价体系标准时，应遵循的原则有系统性原则、典型性原则、动态性原则、科学性原则、可操作与可量化原则、综合性原则等。

2）评价体系标准的结构

评价体系标准的主要要素有封面、目次、前言、引言、标准名称、范围、规范性引用文件、术语和定义、评价原则、评价指标、评价模型、评价方法、规范性附录、资料性附录等。

3）评价体系标准要素的编写

评价体系标准要素的编写如下所述：

（1）标准的名称通常包含"评价体系"，如"科技成果产业化评价体系"。

（2）评价指标：评价指标体系是指由表征评价对象各方面特性及其相互联系的多个指标，所构成的具有内在结构的有机整体。对于不同的评价对象，评价指标的选择也不同。

（3）评价模型：评价模型是一种评价工具，通过评价模型来对评价对象的价值或效用进行评定、测定或衡量。对于不同的评价对象，评价模型也不同。

（4）评价方法：通常也称为综合评价方法或多指标综合评价方法，是指使用比较系统、规范的方法对多个指标、多个单位同时进行评价的方法。目前比较流行的现代综合评价方法包括层次分析法、模糊综合评判法、数据包络分析法、人工神经网络评价法、灰色综合评价法等。对于不同的评价对象，评价方法也不同。

以上是编写评价体系标准时的部分要素规定，用户在编写评价体系标准时应该遵守上述规定。

8.2 标准的实施

8.2.1 标准实施的原则

虽然我国目前的国家标准、行业标准和企业标准在数量上已经达到了发达国家的水平，但是在标准的实施上却远远地落后于发达国家。前国家市场监督管理总局局长支树平曾经在中国标准化专家委员会全体会议上说："标准化对我国经济效益的贡献率仅有7.88%，而德国、法国、英国标准化对本国经济效益的贡献分别达到27%、23%、22%。"因此，如何有效实施利用现有的国际、国内标准，对于提高我国的经济效益非常关键。

我国标准的实施应遵守以下原则：

（1）对于强制性国家标准，企业必须执行，不符合强制性标准的产品，禁止出厂、销售和进口。

（2）对于推荐性国家标准，企业一经采用，应严格执行。

（3）纳入企业使用的标准都应严格执行，任何部门或个人都不得擅自更改或降低标准。

（4）已备案的企业产品标准和技术规范，应严格执行。

（5）出口产品的技术要求，应依据进口国法律、法规、技术标准或合同约定执行。

（6）企业在研制新产品、改进老产品和进行技术改造时，应符合标准化要求。

标准的实施过程需要使用 ISO9000 系列标准的 PDCA 循环，标准实施必须由领导带头，全员参与。领导必须向员工强调遵守法律、法规和标准的重要性，将标准的贯彻执行作为重点工作，增强员工执行标准的能力和意识。

实施标准就是把标准应用于生产实践中，实施的方式有采用、引用、选用、补充、配套和提高等。有的标准必须全文照办，毫无改动地贯彻实施，如强制性国家标准，应该全文照办、强制执行。凡认为适用于本行业、团体和企业的推荐性国家标准、行业标准、地方标准、团体标准和企业标准，可以采取直接引用的形式进行贯彻实施，并在产品、包装物或其说明上标注贯彻引用的标准编号。有的标准可以仅选用或选取其中的一部分来实施，如紧固件标准有 200 多个品种，4 万多种规格，企业在贯彻紧固件标准时应选用其中一部分品种和规格，这样既可以满足生产需要，又可以节约资金、避免浪费。在不违背标准基本原则的情况下，可以以团体标准或企业标准的形式对标准进行必要的补充规定，这些补充规定对完善标准、使标准得到更好的贯彻实施是十分必要的。例如，团体和企业在贯彻食品标准时，补充原料的要求，对保证食品质量很有好处。

必须注意的是，当产品或服务走向国际市场，尤其是进入发达国家时，企业必须了解当地的相关技术法规，并且通过 ISO9000、ISO14000 和 ISO45001 等系列标准的认证，同时提供该产品遵守的国际标准、国家标准和行业标准的文本。如果没有上述标准，就需要企业提供该产品遵守的团体标准或产品标准的文本。

8.2.2　标准的实施方法

标准的实施方法需要使用 ISO9000 系列标准的 PDCA 循环。在实施标准前，首先要进行需求分析，分析我国标准和国际标准的异同（主要分析由于标准体系的异同而造成标准约束力和标准分类的异同）；然后要分析我国不同等级的标准；最后要分析团体和企业对标准实施的需求。在需求分析的基础上，策划团体和企业的标准实施方案，完成标准实施方案后就可进入标准实施阶段。

在实施标准时一定要结合实际，将适用的标准（如技术标准、管理标准等）和工作标准、操作规程、作业指导书结合起来使用，同时编写标准化工作手册。标准化工作手册是为实现确定的目标，对在生产、服务、经营、管理等过程中需要实施的标准进行系统性的整合，为不同岗位、不同工作性质和责任的员工制定有针对性的工作手册。标准化工作手册的编写原则是简洁性、针对性、易学性。

编写完标准化工作手册后，还需要对员工进行标准化培训。标准化培训的目的是让员工了解和掌握标准化的基本知识、标准体系，以及各自岗位需要遵守的标准，提高员工的标准化整体水平，从而提高产品质量、降低成本、提高效益。标准化培训通常应遵守以下原则：

（1）目标明确、有的放矢。

（2）层次化，由于员工的岗位不同、所负责的工作不同，需要掌握的知识、技能也不同，所以标准化培训必须分层次进行。

（3）规范化，统一授课、统一教材、统一考核标准。

在标准实施后，需要对标准的实施情况进行检查，检查包括第一方检查（自查）、第二方检查（上级机构的检查）、第三方检查（独立检测机构的检查）。在进行检查时，需要结合企业生产和经营的实际情况，包括产品质量和经营效益等。对于每次检查，无论对于哪一方的检查，都要对检查过程和结果进行详细的记录，对问题单位或部门提出整改建议。

在检查之后，应按照检查时提出的整改建议进行改进，分析出现问题的环节，并根据检查的结果重新进行策划、实施、检查，再根据检查的结果进行改进。这就是 PDCA 循环的过程。

第**9**章
合格评定与合格评定程序

9.1 概述

合格评定是标准化工作的最重要的环节。根据《合格评定 词汇和通用原则》（GB/T 27000—2006 / ISO/IEC 17000：2004）中的定义，合格评定是指"与产品、过程、体系、人员或机构有关的规定要求得到满足的证实"。ISO 和联合国工业发展组织（UNIDO）在其联合发布的 *Building Trust : The Conformity Assessment Toolbox* 中指出，商业顾客、消费者、用户、政府官员对产品和服务的质量、环保、安全性、经济、可靠性、兼容性、可操作性、效率、有效性等特征都有期望，证明这些特征符合标准、法规及相关规范要求的过程称为合格评定。

合格评定提供了按照有关标准、法规和规范，以满足相关产品和服务是否符合这些期望的手段。合格评定有助于确保产品和服务按照要求或承诺提交，可以建立信任，满足市场经济主体的需求，促进市场经济的健康发展。

对于消费者而言，消费者可从合格评定中获益，因为合格评定为消费者提供了选择产品或服务的依据。

对于企业而言，制造商和服务提供者需要确定其产品及服务是否符合法律、法规、标准的要求，并按满足顾客的期望，从而避免因产品及服务失效而遭受损失。

对于监管部门而言，也能从合格评定中获益，因为合格评定为监管部门提供了执行法律、法规，以及实现公共政策目标的手段。

TBT 协议是世界贸易组织技术性贸易壁垒（WTO/TBT）协议的简称。在国际贸易中，由于各国实施的技术法规和标准各不相同，差异较大，这给生产者和进出口商的使用带来困难，甚至形成了障碍。在这种情况下，WTO 各成员国共同制定了 TBT 协议，用来约束各方的贸易行为，因此进入国际市场需要通过 TBT 协议。TBT 协议由三个要素构成，即技术法规、技术标准、合格评定程序。

合格评定程序是指任何用于直接或间接确定是否满足技术法规或技术标准要求的程序。但这些技术法规、技术标准和合格评定程序有时会变成不合理的贸易壁垒，例如过高的技术标准、歧视性的技术法规、过于烦琐的合格评定程序等。正是由于认识到这一点，WTO 各成员国达成了共识，签署了 TBT 协议，该协议不仅可以减少技术性贸易壁垒的影响，还可以促进国际贸易的便利化。

9.2 TBT 协议与 ISO/IEC 指南关于合格评定的联系与区别

TBT 协议将合格评定程序定义为"任何用以直接或间接确定是否满足技术法规或标准有关要求的程序"。

ISO/IEC 指南 2（ISO/IEC Guide 2）对符合性评定的定义为"直接或间接确定是否满足相关要求的任何活动"。

TBT 协议的合格评定程序与 ISO/IEC 指南的符合性评定的联系是显而易见的，前者源自后者，但两者也有区别，认识到这一点对正确理解合格评定程序是非常重要的。

首先，在 TBT 协议中，合格评定程序与服务无关，因为 TBT 协议是货物贸易的协议，而符合性评定涵盖了产品、过程和服务。其次，TBT 协议的合格评定程序要评定的不仅是与标准的符合性，更重要的是与技术法规的符合性。第三，ISO/IEC 指南 2 定义的标准是自愿采用的；在 TBT 协议中标准是自愿采用的，技术法规是强制执行的。

出于安全、健康或环保等原因，WTO 各成员国政府有权针对产品制定强制性的技术法规或推荐性的标准，以及确定产品是否符合这些技术法规和技术标准的检验、认证程序。

合格评定程序的主要内容包括以下三个方面：

（1）取样、检测和检验程序。

（2）符合性的评价、验证和保证程序。

（3）注册、认可和批准程序，以及它们的组合。

TBT 协议未对上述内容给出进一步的定义，但在 ISO/IEC 指南中，有关符合性评定的标准给出了上述内容的定义。应该注意的是，ISO/IEC 指南给出的定义是从标准化的角度考虑的，因此，这些定义可作为理解 TBT 协议相关内容的基础。在某些情况下，两者的含义可能会有差别，如 ISO/IEC 指南中符合性评定的定义与 TBT 协议中合格评定程序的定义。

下面是 ISO/IEC 指南中关于合格评定程序中所涉及的术语和定义：

（1）取样（Sampling）：取样是指取出部分物质、材料或产品作为整体的代表性样品进行测试或校准的过程。取样要求也可由物质、材料或产品的测试规范或校准规范提出。在某种情况下（如法医鉴定），样品可能不具有代表性，而是由实际可得性决定的（见 ISO/IEC 17025 的 5.7）。

（2）检测（Testing）：进行一种或多种测试工作的行为（见 ISO/IEC 指南 2 的 13.1.1）。

（3）测试（Test）：按照规定程序对给定产品、过程或服务的一种或多种特性加以确定的技术运作（见 ISO/IEC 指南 2 的 13.1）。

（4）检验（Inspection）：指通过观察和判断（适宜时辅之以测量、测试或度量）进行符合性评价（见 ISO/IEC 指南 2 的 14.2）。

（5）符合性评价（Evaluation of conformity）：是指系统性地检查某个产品、过程或服务满足规定要求的程度（见 ISO/IEC 指南 2 的 14.1）。

（6）验证（Verification）：是指通过检查和提供证据来证实规定的要求已得到满足（见 ISO/IEC 指南 25 的 3.8）。

（7）符合性保证（Assurance of conformity）：是指结果是对产品、过程或服务满足规定要求的置信程度给予说明的活动（见 ISO/IEC 指南 2 的 15.1）。

（8）注册（Registration）：是指由某个团体用于以某种适宜的、公众可得到的一览表指出产品、过程或服务的特性，或给出团体或人的详细资料的程序（见 ISO/IEC 指南 2 的 12.10）。

（9）认可（Accreditation）：是指由权威团体对团体或个人执行特定任务的胜任能力给予正式承认的程序（见 ISO/IEC 指南 2 的 12.11）。

（10）批准（Approval）：是指允许产品、过程或服务按说明的目的或按说明的条件销售或使用（见 ISO/IEC 指南 2 的 16.1）。

（11）认证（Certification）：是指由第三方用于对产品、过程或服务符合规定要求给出书面保证的程序（见 ISO/IEC 指南 2 的 15.1.2）。

9.3　合格评定程序的表现形式

9.3.1　TBT 协议合格评定程序的表现形式

TBT 协议合格评定程序包括以下 4 种表现形式：

（1）检验程序（包括取样、检测、检验、符合性验证等）：直接检查产品特性或与其有关的工艺、生产方法、技术法规、标准要求的符合性，属于直接确定是否满足技术法规或技术标准有关要求的"直接的合格评定程序"。

（2）认证程序：主要分为产品认证和体系认证。产品认证包括安全认证和合格认证等。体系认证包括质量管理体系认证、环境管理体系认证、职业安全和健康体系认证，以及信息安全体系认证等。

（3）认可程序：WTO 鼓励各成员国通过相互认可协议来减少多重测试和认证，以促进国际贸易便利化。

（4）注册批准程序：更多的是政府贸易管制的手段，体现了国家的权力、政策和意志。

9.3.2　ISO 符合性评定的表现形式

ISO 符合性评定包括以下 8 种表现形式：

（1）型式试验。

（2）型式试验+工厂取样检验。

（3）型式试验+市场取样检验。

（4）型式试验+工厂取样检验+市场取样检验。

（5）型式试验+工厂取样检验+市场取样检验+企业质量体系检查+发证后跟踪监督。

（6）企业质量体系检查。

（7）批量检验。

（8）100%检验。

9.3.3　欧盟和北美国家合格评定程序的表现形式

欧盟和北美国家合格评定程序包括以下 8 种表现形式：

（1）内部生产控制。

（2）型式试验。

（3）符合性声明。

（4）生产质量认证。

（5）产品质量认证。

（6）产品检验。

（7）取样检验。

（8）全面质量保证。

9.4　我国的合格评定制度及相关法律法规

ISO 合格评定委员会（ISO/CASCO）是其 4 个政策委员会之一，只负责制定与合格评定有关的政策，以及相关国际标准、导则和规范性文件的制定、修订工作，不参与任何产品、服务及过程的合格评定工作。

IEC 合格评定委员会（IEC/CASCO）也是只负责制定与合格评定有关的政策，以及相关 IEC 标准、规范性文件的制定、修订工作，不参与任何产品、服务及过程的合格评定工作。

由于合格评定关系到国家主权、国际贸易政策及产品质量，因此世界各国都非常重视合格评定工作。通常都是以立法的形式来管理合格评定工作的，各个国家在合格评定的行政管理、政策制定，以及具体的执行方法等方面有较大的差异。

欧美国家和日本的合格评定，在行政管理、政策制定，以及具体的执行方法方面分别由三个相对独立的部门来负责，以确保公正性。

我国产品和服务质量的监督与管理由国家认证认可监督管理委员会（CNCA）负责，该委员会是国务院授权的履行行政管理职能，统一管理、监督和综合协调全国认证认可工作的主管机构，其主要职能如下：

（1）研究起草并贯彻执行国家认证认可、安全质量许可、卫生注册和合格评定方面的法律、法规和规章，制定、发布并组织实施认证认可和合格评定的监督管理制度、规定。

（2）研究提出并组织实施国家认证认可和合格评定工作的方针政策、制度和工作规则，协调并指导全国认证认可工作，监督管理相关的认可机构和人员注册机构。

（3）研究拟定国家实施强制性认证与安全质量许可制度的产品目录，制定并发布认证标志（标识）、合格评定程序和技术规则，组织实施强制性认证与安全质量许可工作。

（4）负责进出口食品与化妆品生产、加工单位卫生注册登记的评审和注册等工作，办理注册通报和向国外推荐事宜。

（5）依法监督和规范认证市场，监督管理自愿性认证、认证咨询与培训等中介服务和技术评价行为；根据有关规定，负责认证、认证咨询、培训机构和从事认证业务的检验机构（包括中外合资、合作机构和外商独资机构）的资质审批与监督；依法监督管理外国（地区）相关机构在境内的活动；受理有关认证认可的投诉和申诉，并组织查处；依法规范和监督市场认证行为，指导和推动认证中介服务组织的改革。

（6）管理相关校准、检测、检验实验室技术能力的评审和资格认定工作，组织实施对出入境检验检疫实验室和产品质量监督检验实验室的评审、计量认证、注册和资格认定工作；负责对承担强制性认证和安全质量许可的认证机构，以及承担相关认证检测业务的实验室、检验机构的审批；负责对从事相关校准、检测、检定、检查、检验检疫和鉴定等机构（包括中外合资、合作机构和外商独资机构）技术能力的资质审核。

（7）管理和协调以政府名义参加的认证认可和合格评定的国际合作活动，代表国家参加国际认可论坛（IAF）、太平洋认可合作组织（PAC）、国际人员认证协会（IPC）、国际实验室认可合作组织（ILAC）、亚太实验室认可合作组织（APLAC）等国际或区域性组织，以及 ISO 和 IEC 的合格评定活动，签署与合格评定有关的协议、协定和议定书；归口协调和监督以非政府组织名义参加的国际或区域性合格评定组织的活动；负责 ISO 和 IEC 中国国家委员会的合格评定工作；负责认证认可、合格评定等国际活动的外事审批。

（8）负责与认证认可有关的国际准则、指南和标准的研究及宣传贯彻工作；管理认证认可与相关的合格评定的信息统计，承办 TBT 协议、卫生与植物卫生措施协定中有关认证认可的通报和咨询工作。

（9）配合国家有关主管部门，研究拟订认证认可收费办法并对收费办法的执行情况进行监督检查。

从 CNCA 的职能不难看出，其主要职责是制定政策，具体的合格评定工作是由中国合格评定国家认可委员会（CNAS）和中国质量认证中心（CQC）来完成的。下面就分别介绍一下这两个机构。CNAS 是根据《中华人民共和国认证认可条例》的规定，由 CNCA 批准建立并确定的认可机构，统一实施对认证机构、实验室和检验机构等相关机构的认可工作。CNAS 的主要任务包括：

（1）按照我国有关法律法规，国际和国家的标准、规范等，建立并运行合格评定机构国家认可体系，制定并发布认可工作的规则、准则、指南等规范性文件。

（2）对境内外提出申请的合格评定机构进行能力评价，做出认可决定，并对获得认可的合格评定机构进行认可监督管理。

（3）负责对认可委员会徽标和认可标识的使用进行指导和监督管理。

（4）组织开展与认可相关的人员培训工作，对评审人员进行资格评定和聘用管理。

（5）为合格评定机构提供相关技术服务，为社会各界提供获得认可的合格评定机构的公开信息。

（6）参加与合格评定及认可相关的国际活动，和与认可相关的机构和国际合作组织签署双边或多边认可合作协议。

（7）处理与认可有关的申诉和投诉工作。

（8）承担政府有关部门委托的工作。

（9）开展与认可相关的其他活动。

我国的合格评定国家认可制度在国际认可活动中有着重要的地位，其认可活动已经融入国际认可互认体系，并发挥着重要的作用。

目前获得 CNAS 认可的国家级机构已达到 8800 多家，需要对产品进行试验、检查和测试的企业需要经过 CNAS 认可的（具有 CNAS 认可标志）机构进行产品检测，由这些机构出具的检测报告具有法律效应并可获得国际互认。

中国质量认证中心（CQC）的主要任务包括：

（1）授权承担国家强制性产品认证（CCC）工作。

（2）负责 CQC 标志认证，认证类型涉及产品安全、性能、环保、有机产品等，认证范围包括百余种产品。

（3）负责管理体系认证，主要从事 ISO9001 质量管理体系、ISO14001 环境管理体系、OHSMS18001 职业健康安全管理体系、QS9000 质量体系、TL9000 和 HACCP 等认证业务。

（4）作为国际电工委员会电工产品合格与测试组织（IECEE）的中国国家认证机构（NCB），从事颁发和认可国际多边认可 CB 测试证书工作，其证书已被 43 个国家或地区的 59 个认证机构认可。

（5）作为国际认证联盟（IQNet）的成员，CQC 颁发的 ISO9001 证书和 ISO14001 证书获得了国际认证联盟中 33 个国家或地区的 36 个成员机构的认可。

（6）负责认证培训业务，作为最早被 CNAS 认可的认证培训机构，承担国内外各类认证培训业务。

过程和服务的质量认证通常是由 CQC 认可或授权的认证机构出具通过认证证书或证明的，如团体或企业通过 ISO9000 质量管理认证，获得认证证书和专用标志，才具有法律效应。

目前，我国现行的与产品和服务质量检查相关的法律有《中华人民共和国认证认可条例》《中华人民共和国产品质量法》《中华人民共和国进出口商品检验法》《中华人民共和国计量法》等，相关的法规有《认证机构管理办法》《检验检测机构资质认定管理办法》等。有兴趣的用户可以通过互联网查阅有关法律法规的条文。

第**10**章
标准化工作的检查、评价与改进

10.1　标准化工作的检查

在完成标准化实施后，还需要对标准的实施进行检查。对于标准实施的检查过程，同样需要使用 ISO9000 系列标准的 PDCA 循环。首先要策划标准实施的检查方案，然后按照已制定的检查方案进行检查，并对检查过程进行详细记录，在执行过程中发现问题时应对问题进行分析，如果问题出现在检查方案，则及时调整改进检查方案，如果问题出现在检查过程，则及时调整改进检查过程。

下面先介绍与检查相关的一些基本知识。

首先介绍 ISO 的第一方、第二方、第三方检查。

（1）ISO 的第一方检查是指内部检查，由组织自己或以组织的名义进行，检查的对象是组织自己的管理体系，验证组织的管理体系是否可以持续地满足规定的要求并且正常运行。

（2）ISO 的第二方检查是指由顾客对供方进行的检查，检查结果通常作为顾客购买的决策依据。在进行第二方检查时，应根据采购产品对最终产品质量或使用的影响程度来确定检查的方式和范围，还应考虑技术、生产能力、价格、交货及时性、服务等因素。

（3）ISO 的第三方是指外部检查，由具有第三方认证资质的机构对组织进行检查，检查通过即可颁发证书。第三方检查主要分为两个阶段：第一阶段是质量管理体系文件的审查，第二阶段是实际运作与特定要求符合性的审查，第三方检查通常是认证的手段。

其次介绍第一、第二、第三方实验室。

（1）第一方实验室是组织内的实验室，用于检测、校准组织生产的产品，数据为我所用，目的是提高和控制组织的产品质量。

（2）第二方实验室也是组织内的实验室，用于检测、校准供方提供的产品，数据为我所用，目的是提高和控制供方的产品质量。

（3）第三方实验室独立于第一方实验室和第二方实验室，是用于为社会提供检测、校准服务的有资质的实验室，数据为社会所用，目的是提高和控制社会的产品质量。

标准实施的检查应包括第一方检查、第二方检查和第三方检查，尤其要重视第三方检查，因为第三方检查的结果最具法律效应和说服力。

下面介绍标准实施的第一方检查、第二方检查和第三方检查的策划与实施。

按照ISO9000系列标准的PDCA循环的原理，在进行标准实施检查时首先要对第一方检查、第二方检查和第三方检查进行策划。策划内容包括检查过程的安排、具体的检查时间、接受检查的对象、检查的内容、检查的方式，以及检查结果的处理。

在检查过程的安排上可以制定一个检查流程，检查应当按照检查的流程进行。接受检查的对象必须明确。检查应至少包括以下内容：

（1）标准实施的资源与满足标准实施要求的符合情况。

（2）关键点的各项措施的完备情况。

（3）员工对标准的掌握程度。

（4）岗位人员作业过程与标准的符合情况。

（5）作业活动产生的结果与标准的符合情况。

检查的方式既可以采取定期检查或不定期检查，以及重点检查或普遍检查等形式，也可以采用与其他管理体系的检查相结合的形式。

其他各类检查宜在计划中给予确定。

检查可以通过建立专门的组织，根据计划安排组织实施。

检查可采用现场查看与询问、对记录的数据进行核实与分析、运用技术或其他方法进行验证等手段。

检查结果应形成记录或文件，作为考核与改进的依据进行处置。处置方式通常包括：

（1）当标准内容不符合实际需要时，应及时修订或废止标准。

（2）当标准内容符合要求但相关部门执行不力时，需采取措施加强标准的执行力度。

必须强调的是，产品的 CNAS 试验室测试报告，以及过程和服务的 CQC 认可机构的认证，是对标准化工作的终极测试，其结果直接反映出标准化工作的好坏。

10.2　标准化工作的评价原则与依据

标准化工作的评价与改进过程同样需要使用 ISO9000 系列标准的 PDCA 循环。首先要策划标准化活动的评价与改进方案，然后按照制定的方案进行评价与改进，并对其过程进行详细记录，发现问题应及时对问题进行分析，如果问题出在策划方案，则及时调整改进策划方案，如果问题出现在执行过程，则及时调整评价与改进的执行过程，最终使评价与改进工作标准化、正规化。

标准化工作的评价为确定标准化工作是否达到了规定的目标程度提供了依据，标准化工作的评价原则主要包括客观公正、科学严谨、全面准确、注重实效。

标准化工作的评价依据主要包括国家有关方针政策、国家有关法律法规、标准化的方针与目标、标准体系及其相关文件。

10.3　标准化工作的评价与改进

10.3.1　标准化工作评价的基本要求

在进行标准化工作评价时，首先要确定基本要求。标准化工作评价的基本要求包括对机构的要求、对评价组织的要求，以及对评价人员的要求。

（1）对机构的要求如下：

① 应遵守与本机构有关的方针、政策、法律、法规，以及强制性国家标准等。

② 应根据标准化工作评价的依据开展标准化工作。

③ 在进行标准化工作评价时还应符合以下条件：

（a）依法注册并在合法经营范围内开展生产经营活动。

（b）对于法律、法规规定的行政许可、审批或强制认证等要求，应获得相应资质。

（c）三年内未发生重大质量、安全、环境保护等事故。

（d）自我声明的产品和服务标准，以及其他事项应真实完整，并承担相应责任。

（e）至少开展过一次完整的自我评价。

（f）自愿提出申请，提交申请材料。

（2）对评价组织的要求如下：

① 应有与开展评价工作相适应的专职评价人员。

② 应明确评价人员的职责和权限。

③ 应具有保障评价活动的标准化文件。

④ 开展标准化工作评价的组织应当是具有独立法人资格的标准化组织。

（3）对评价人员的要求如下：

① 应具有标准化工作的经验，熟悉国家有关标准化的方针、政策，以及相关法律、法规，掌握标准化工作系列标准、标准化知识和相关专业知识，能胜任标准化工作的评价工作。

② 应具备识别标准化工作中存在问题的能力，并承担由于评价不当所产生的相应风险和责任。

③ 应遵纪守法、诚实正直、坚持原则、实事求是、科学公正。

④ 标准化工作评价组组长应具有从事标准化评价的经历，能够识别生产、经营、管理等活动中的关键环节，具有组织协调、文字表达和现场把控能力，并承担由于评价不当所产生的主要风险和责任。

⑤ 评价人员还应符合以下条件：

（a）熟悉被评价标准化工作所属行业的特点。

（b）连续从事标准化工作不应少于三年。

（c）恪守职业道德，能保守被评价的技术与商业的秘密。

（d）独立于被评价的标准化工作。

10.3.2　标准化工作评价的策划

标准化工作评价的策划主要包括以下内容：

（1）对照国家的有关方针、政策、法律、法规，以及相关的标准要求。

（2）对照企业的状态、规模、产品质量信息、标准化工作现状，以及其他相关文件。

（3）对照政府管理的信息等。

（4）评价组的组成。

（5）评价时间。

（6）评价程序和方法。

（7）评价方案应包括评价范围、依据、目的、工作程序、任务分工，以及时间安排等。

（8）评价沟通。

（9）特殊情况的处理。

10.3.3　标准化工作评价的实施

标准化工评价的实施通常包括 5 个阶段，即首次会议、文件评价、现场评价、沟通、末次会议。

（1）首次会议的要求如下：

①　参加首次会议的人员应包括评价组成员、机构的最高管理者或管理者的代表、与标准化职能相关的各级管理者，以及相关人员。

②　首次会议应由评价组组长主持。

③　首次会议内容应包括：

（a）介绍企业标准化工作情况，主要包括机构的基本情况，标准化工作机制，组织机构建设情况，标准化需求分析结果，标准体系的结构、运行情况、保障措施及成效，标准化工作的自我评价改进等。

（b）宣布评价方案、确认评价方案及相关安排。若需要调整相关计划时，则应由双方再次确认。

（c）确认评价双方沟通的方式、支持评价所需的资源和设施等。

（d）确认末次会议的信息。

（e）做出可能造成评价提前终止的情况说明。

④ 评价还应包括：

（a）与机构确认安全和保密的区域。在必要时，机构应提供评价人员所需的防护，以及应急用品、用具等。

（b）应对有关保密和公正性声明等事宜做出承诺和确认。

（c）提醒对评价过程及评价结论有申诉和投诉的权利。

（d）要求指定相应联络员与评价人员对接，并提供相应的支持。

（2）文件评价的要求如下：

① 应提供标准化机构建设和运行情况。

② 应提供标准体系构建情况。

③ 应提供标准实施情况。

④ 应提供其他标准化工作情况。

⑤ 应提供标准化成效情况。

⑥ 应抽取必要的标准文本用于现场评价核查。

（3）现场评价的要求如下：

① 员工标准化意识、标准掌握情况、标准实施情况、标准体系等。

② 现场评价可采用查看、询问、操作演示、结果复核、查阅资料及记录等方式。

（4）沟通的要求是贯彻评价的全过程。沟通分为内部沟通和外部沟通，内部沟通是指评价组成员之间的沟通，外部沟通是指评价组与评价对象之间的沟通。

（5）末次会议的要求如下：

① 参加末次会议人员应与参加首次会议的人员相同。

② 末次会议由评价组组长主持。

③ 末次会议的内容应包括：

（a）说明获取客观证据的方法，以及在标准化工作评价中发现的不符合项。

（b）整改建议，包括纠正错误、验证要求、整改时间等。

（c）形成评价报告，并宣布评价结论。

（d）明确申诉或投诉的权利及处理程序。

10.3.4　标准化工作评价的结果与管理

标准化工作评价的结果与管理包括 4 个阶段，即复核、申诉与投诉、证书与标志、监督。

（1）复核包括以下内容：

① 在进行标准化工作评价时，评价组织应安排独立的专家组对评价资料涉及的记录、证据和资料等的完整性、准确性进行复核。

② 从事复核的人员应熟悉被评价机构所属专业领域的知识，具有丰富的标准化工作经验，评价人员不可对同一项目开展复核工作。

③ 对于复核发现的问题应及时与评价组组长沟通，并得到确认。

④ 针对复核中存在的问题，在必要时复核人员应返回被评价机构进行复核，形成复核结论。

（2）申诉与投诉包括以下内容：

① 对评价人员组成或行为的异议。

② 对评价过程的异议。

③ 对评价结论的异议。

申诉与投诉的处理包括：

① 建立受理、确认和调查申诉与投诉的处理流程。

② 及时对申诉人/投诉人提出的意见组织开展调查和复核。

③ 对申诉/投诉意见处理情况应书面通知申诉人/投诉人。

（3）证书与标志包括以下内容：

① 评价组织可根据被评价的机构的申请，依据评价结论颁发证书和专用标志。

② 被评价机构可依据第三方组织的要求，使用评价组织核发的证书和专用标志。

③ 评价组织与被评价企业对评价结果的准确性、真实性分别承担相应的责任。

（4）监督包括以下内容：

① 评价组织应对机构的标准化工作开展监督，并明确监督的内容、周期、方法等。

② 当发现被评价机构标准体系的运行效率与标准实施的质量下降时，应监督被评价机构及时纠正。如果被评价机构拒不纠正或纠正不到位，则应做出降低等级，甚至撤销证书的处理。

③ 如果被评价机构出现违反法律、法规、强制性国家标准，以及存在弄虚作假的情况，则应撤销其证书，取消其专用标志的使用权。

10.3.5 标准化工作的改进

标准化工作的改进主要包括改进依据和改进内容两个部分。

（1）标准化工作的改进依据主要包括：

① 当适用的标准化方针、政策、法律、法规、目标，以及其他要求发生变化时，需要改进标准化工作。

② 当标准体系运行、实施，以及评价发生变化时，需要改进标准化工作。

③ 当与产品有关（服务）有关的科研成果、新技术、新工艺等方面发生变化时，需要改进标准化工作。

④ 根据顾客以及其他相关反馈意见改进标准化工作。

⑤ 根据领导意识、员工能力和建议改进标准化工作。

⑥ 根据测量、检验、试验报告改进标准化工作。

⑦ 根据机构标准化工作纠正措施和预防措施改进标准化工作。

（2）标准化工作的改进内容主要包括：

① 改进并提升标准化工作的战略和策略。

② 改进和完善标准，调整标准体系结构，完善标准内容等。

③ 改进和提升标准化人员的素质和能力、调整人员结构、提升人员技能。

④ 改进设备设施与原材料状况，配备满足新工艺、新技术的设备、设施及原材料。

附录 A

采用国际标准管理办法

第一章 总 则

第一条 为了发展社会主义市场经济、减少技术性贸易壁垒和适应国际贸易的需要，提高我国产品质量和技术水平，促进采用国际标准工作的发展，依据《中华人民共和国标准化法》及其实施条例，参照世界贸易组织和国际标准化组织的有关规定，并结合我国的实际情况，制定本办法。

第二条 采用国际标准是指将国际标准的内容，经过分析研究和试验验证，等同或修改转化为我国标准（包括国家标准、行业标准、地方标准和企业标准。下同），并按我国标准审批发布程序审批发布。

第三条 国际标准是指国际标准化组织（ISO）、国际电工委员会（IEC）和国际电信联盟（ITU）制定的标准，以及国际标准化组织确认并公布的其他国际组织制定的标准。

第二章 采用国际标准的原则

第四条 采用国际标准，应当符合我国有关法律、法规，遵循国际惯例，做到技术先进、经济合理、安全可靠。

第五条 制定（包括修订，下同）我国标准应当以相应国际标准（包括即将制定完成的国际标准）为基础。

对于国际标准中通用的基础性标准、试验方法标准应当优先采用。

采用国际标准中的安全标准、卫生标准、环保标准制定我国标准，应当以保障国家安全、防止欺骗、保护人体健康和人身财产安全、保护动植物的生命和健康、保护环境为正当目标；除非这些国际标准由于基本气候、地理因素或者基本的技术问题等原因而对我国无效或者不适用。

第六条　采用国际标准时，应当尽可能等同采用国际标准。由于基本气候、地理因素或者基本的技术问题等原因对国际标准进行修改时，应当将与国际标准的差异控制在合理的、必要的并且是最小的范围之内。

第七条　我国的一个标准应当尽可能采用一个国际标准。当我国一个标准必须采用几个国际标准时，应当说明该标准与所采用的国际标准的对应关系。

第八条　采用国际标准制定我国标准，应当尽可能与相应国际标准的制定同步，并可以采用标准制定的快速程序。

第九条　采用国际标准，应当同我国的技术引进、企业的技术改造、新产品开发、老产品改进相结合。

第十条　采用国际标准的我国标准的制定、审批、编号、发布、出版、组织实施和监督，同我国其他标准一样，按我国有关法律、法规和规章规定执行。

第十一条　企业为了提高产品质量和技术水平，提高产品在国际市场上的竞争力，对于贸易需要的产品标准，如果没有相应的国际标准或者国际标准不适用时，可以采用国外先进标准。

第三章　采用国际标准程度和编写方法

第十二条　我国标准采用国际标准的程度，分为等同采用和修改采用。

等同采用，指与国际标准在技术内容和文本结构上相同，或者与国际标准在技术内容上相同，只存在少量编辑性修改。

修改采用，指与国际标准之间存在技术性差异，并清楚地标明这些差异以及解释其产生的原因，允许包含编辑性修改。修改采用不包括只保留国际标准中少量或者不重要的条款的情况。修改采用时，我国标准与国际标准在文本结构上应当对应，只有在不影响与国际标准的内容和文本结构进行比较的情况下才允许改变文本结构。

第十三条　我国标准采用国际标准的程度代号为：

IDT：等同采用（identical）；

MOD：修改采用（modified）。

　　根据国际标准制定的我国标准应当在封面标明和前言中叙述该国际标准的编号、名称和采用程度；在标准中引用采用国际标准的我国标准，应当在"规范性引用文件"一章中标明对应的国际标准编号和采用程度，标准名称不一致的，应当给出国际标准名称。

　　我国标准采用国际标准程度的具体标注方法应遵守《标准化工作指南第 2 部分：采用国际标准的规则》（GB/T 20000.2）。

　　第十四条　在采用国际标准的我国标准中，应当说明或者标明技术性差异和编辑性修改，具体说明或者标注方法应遵守《标准化工作指南　第 2 部分：采用国际标准的规则》（GB/T 20000.2）。

　　第十五条　采用国际标准的我国标准的编号表示方法如下：

　　（一）等同采用国际标准的我国标准采用双编号的表示方法。

　　示例：GB××××-××××/ISO×××××:××××。

　　（二）修改采用国际标准的我国标准，只使用我国标准编号。

　　在采用国际标准时，应当按《标准化工作导则第 1 部分：标准的结构和编写规则》（GB/T 1.1）的规定起草和编写我国标准。在等同采用 ISO/IEC 以外的其他组织的国际标准时，我国标准的文本结构应当与被采用的国际标准一致。

　　第十六条　采用国际标准的我国标准，在编制说明中，应当详细地说明采用该标准的目的、意义，标准的水平，我国标准同被采用标准的主要差异及其原因等。

　　第十七条　我国标准与国际标准的对应关系除等同、修改外，还包括非等效。非等效不属于采用国际标准，只表明我国标准与相应国际标准有对应关系。

　　非等效指与相应国际标准在技术内容和文本结构上不同，它们之间的差异没有被清楚地标明。非等效还包括在我国标准中只保留了少量或者不重要的国际标准条款的情况。

　　非等效（not equivalent）代号为 NEQ。

第四章　促进采用国际标准的措施

　　第十八条　对于采用国际标准的重点产品，需要进行技术改造的，有关管理部门应当按国家技术改造的有关规定，优先纳入各级技术改造计划。

　　在技术引进中，要优先引进有利于使产品质量和性能达到国际标准的技术设备及有关的技术文件。

第十九条 对于国家重点工程项目，在采购原材料、配套设备、备品备件时，应当优先采购采用国际标准的产品。

第二十条 各级标准化管理部门应当及时为企业采用国际标准提供标准资料和咨询服务。各级科技和标准情报部门应当积极搜集、提供国际标准化的信息及有关资料，并开展咨询服务，为企业提供最新的标准信息。

第二十一条 对采用国际标准的产品，按照《采用国际标准产品标志管理办法》的规定实行标志制度。

第五章 附 则

第二十二条 本办法由国家质量监督检验检疫总局负责解释。

第二十三条 本办法自发布之日起施行。1993 年 12 月 13 日原国家技术监督局发布的《采用国际标准和国外先进标准管理办法》同时废止。

附件：

国际标准化组织确认并公布的其他国际组织

国际计量局（BIPM）

国际人造纤维标准化局（BISFN）

食品法典委员会（CAC）

时空系统咨询委会员（CCSDS）

国际建筑研究实验与文献委员会（CIB）

国际照明委会员（CIE）

国际内燃机会议（CIMAC）

国际牙科联合会（FDI）

国际信息与文献联合会（FID）

国际原子能机构（IAEA）

国际航空运输协会（IATA）

国际民航组织（ICAO）

国际谷类加工食品科学技术协会（ICC）

国际排灌研究委员会（ICID）

国际辐射防护委员会（ICRP）

国际辐射单位和测试委员会（ICRU）

国际制酪业联合会（IDF）

互联网工程特别工作组（IEIF）

国际图书馆协会与学会联合会（IFIA）

国际有机农业运动联合会（IFOAM）

国际煤气工业联合会（IGU）

国际制冷学会（IIR）

国际劳工组织（ILO）

国际海底组织（IMO）

国际种子检验协会（ISTA）

国际电信联盟（ITU）

国际理论与应用化学联合会（IUPAC）

国际毛纺组织（IWTO）

国际动物流行病学局（OIE）

国际法制计量组织（OIML）

国际葡萄与葡萄酒局（OIV）

材料与结构研究实验所国际联合会（RILEM）

贸易信息交流促进委员会（TraFIX）

国际铁路联盟（UIC）

经营、交易和运输程序和实施促进中心（UN/CEFACT）

联合国教科文组织（UNESCO）

国际海关组织（WHO）

世界知识产权组织（WIPO）

世界气象组织（WMO）

参考文献

[1] 中华人民共和国标准化法[EB/OL]. [2020-4-21]. http://www.gov.cn/xinwen/2017-11/05/content_5237328.htm.

[2] 中华人民共和国标准化法条文解释[EB/OL]. [2020-4-21]. http://www.sac.gov.cn/sbgs/flfg/gz/xzgz/201609/t20160909_216626.htm.

[3] 采用国际标准管理办法[EB/OL]. [2020-5-11]. http://www.gov.cn/gongbao/content/2002/content_61710.htm.

[4] 国家标准管理办法[EB/OL]. [2020-5-11]. https://www.cnis.ac.cn/bzhzs/flfg/201812/t20181229_32002.html.

[5] 行业标准管理办法[EB/OL]. [2020-5-11]. https://www.cnis.ac.cn/bzhzs/flfg/201812/t20181229_32007.html.

[6] 地方标准管理办法[EB/OL]. [2020-5-11]. http://www.sac.gov.cn/sbgs/flfg/fl/sjbzdfl/202003/t20200318_346292.htm.

[7] 团体标准管理规定（试行）[EB/OL]. [2020-5-11]. https://www.cnis.ac.cn/bzhzs/flfg/201812/P020190121349506284157.pdf.

[8] 企业标准化管理办法[EB/OL]. [2020-5-11]. https://www.cnis.ac.cn/bzhzs/flfg/201812/t20181229_32005.html.

[9] 中华人民共和国产品质量法[EB/OL]. [2020-5-11]. http://www.moj.gov.cn/Department/content/2019-01/17/592_227082.html.

[10] 国家标准制修订工作程序[EB/OL]. [2020-5-11]. http://www.csres.com/info/35739.html.

[11] 全国标准化原理与方法标准化技术委员会. 标准化工作导则　第1部分：标准化文件的结构和起草规则：GB/T 1.1—2020[S/OL]. [2020-6-3]. http://c.gb688.cn/bzgk/gb/showGb?type=online&hcno=C4BFD981E993C417EF475F2A19B681F1.

[12] 中国标准化协会. 企业标准体系 要求: GB/T 15496—2017[S/OL]. [2020-6-3]. http://c.gb688.cn/bzgk/gb/showGb?type=online&hcno=F9C145452503BF904288B643FE015988.

[13] 中国标准化协会. 企业标准体系 产品实现: GB/T 15497—2017[S/OL]. [2020-6-3]. http://c.gb688.cn/bzgk/gb/showGb?type=online&hcno=01A6929A67F9A140D3CDE8D33E64D92C.

[14] 中国标准化协会. 企业标准体系 基础保障: GB/T 15498—2017[S/OL]. [2020-6-3].http://c.gb688.cn/bzgk/gb/showGb?type=online&hcno=54E26BDD2196C6C31D1B48C10027C3F8.

[15] 中国标准化协会. 企业标准化工作 评价与改进: GB/T 19273—2017[S/OL]. [2020-6-5].http://c.gb688.cn/bzgk/gb/showGb?type=online&hcno=AB0985776809038E2E53B80BE4D5D7D0.

[16] 全国标准化原理与方法标准化技术委员会. 标准化工作指南 第1部分: 标准化和相关活动的通用术语: GB/T 20000.1—2014[S]. 北京: 中国标准出版社, 2014.

[17] 全国标准化原理与方法标准化技术委员会. 标准化工作指南 第2部分: 采用国际标准: GB/T 20000.2—2009[S]. 北京: 中国标准出版社, 2009.

[18] 全国标准化原理与方法标准化技术委员会. 标准化工作指南 第3部分: 引用文件: GB/T 20000.3—2014[S/OL]. [2020-6-10]. http://c.gb688.cn/bzgk/gb/showGb?type=online&hcno=8AF1519DE696BA7C5F20416E2238B8D4.

[19] 全国标准化原理与方法标准化技术委员会. 标准化工作指南 第4部分: 标准中涉及安全的内容: GB/T 20000.4—2003[S/OL]. [2020-6-10]. http://www.doc88.com/p-8186425438219.html.

[20] 全国标准化原理与方法标准化技术委员会. 标准化工作指南 第5部分: 产品标准中涉及环境的内容: GB/T 20000.5—2004[S/OL]. [2020-6-10]. https://www.doczhi.com/p-145169.html.

[21] 全国标准化原理与方法标准化技术委员会. 标准化工作指南 第6部分: 标准化良好行为规范: GB/T 20000.6—2006[S]. 北京: 中国标准出版社, 2006.

[22] 全国标准化原理与方法标准化技术委员会. 标准化工作指南 第7部分: 管理体系标准的论证和制定: GB/T 20000.7—2006[S]. 北京: 中国标准出版社, 2006.

[23] 全国术语与语言内容资源标准化技术委员会. 标准编写规则 第 1 部分：术语：GB/T 20001.1—2001[S]. 北京：中国标准出版社，2014.

[24] 全国标准化原理与方法标准化技术委员会. 标准编写规则 第 2 部分：符号标准：GB/T 20001.2—2015[S/OL]. [2020-6-17]. http://c.gb688.cn/bzgk/gb/showGb? type=online&hcno=2820859886A7DAB1555F6245DE72A3B7.

[25] 全国标准化原理与方法标准化技术委员会. 标准编写规则 第 3 部分：分类标准：GB/T 20001.3—2015[S/OL]. [2020-6-17]. http://c.gb688.cn/bzgk/gb/showGb?type=online&hcno=9A32A0A6257660F719D9AEA4302826C0.

[26] 全国标准化原理与方法标准化技术委员会. 标准编写规则 第 4 部分：试验方法标准：GB/T 20001.4—2015[S/OL]. [2020-6-17]. http://c.gb688.cn/bzgk/gb/showGb?type=online&hcno=1C02E40CFEFFFE3A487D89C4EF5479F0.

[27] 全国标准化原理与方法标准化技术委员会. 标准编写规则 第 5 部分：规范标准：GB/T 20001.5—2017[S/OL]. [2020-6-17]. http://c.gb688.cn/bzgk/gb/showGb?type=online&hcno=EABB60B528F55EE7A2263EAEC2D2DE9A.

[28] 全国标准化原理与方法标准化技术委员会. 标准编写规则 第 6 部分：规程标准：GB/T 20001.6—2017[S/OL]. [2020-6-17]. http://c.gb688.cn/bzgk/gb/showGb?type=online&hcno=C41906A60FBD018A468B51A9BF7054AA.

[29] 全国标准化原理与方法标准化技术委员会. 标准编写规则 第 7 部分：指南标准：GB/T 20001.7—2017[S/OL]. [2020-6-17]. http://c.gb688.cn/bzgk/gb/showGb?type=online&hcno=FE8A2491D1F608CA5F9F968C069CF0FA.

[30] 全国术语与语言内容资源标准化技术委员会. 标准编写规则 第 10 部分：产品标准：GB/T 20001.10—2014[S/OL]. [2020-6-17]. http://c.gb688.cn/bzgk/gb/showGb?type=online&hcno=786B918A762C0682C728D37DCCE6A5A4.

[31] 全国标准化原理与方法标准化技术委员会. 标准中特定内容的起草 第 1 部分：儿童安全：GB/T 20002.1—2008[S]. 北京：中国标准出版社，2008.

[31] 全国服务标准化技术委员会. 标准中特定内容的起草 第 2 部分：老年人和残疾人的需求：GB/T 20002.2—2008[S]. 北京：中国标准出版社，2008.

[31] 全国标准化原理与方法标准化技术委员会. 标准中特定内容的起草 第 3 部分：产品标准中涉及环境的内容：GB/T 20002.3—2014[S]. 北京：中国标准出版社，2015.

[31] 全国标准化原理与方法标准化技术委员会.标准中特定内容的起草　第4部分：标准中涉及安全的内容：GB/T 20002.4—2015[S].北京：中国标准出版社，2015.

[31] 中国标准化研究院.标准制定的特殊程序　第1部分：涉及专利的标准：GB/T 20003.1—2014[S/OL].[2020-6-22].http://c.gb688.cn/bzgk/gb/showGb?type=online&hcno=87AE0B313BC45B4DC17C13B4C6863362.

[31] 全国标准化原理与方法标准化技术委员会.团体标准化　第1部分：良好行为指南：GB/T 20004.1—2016[S/OL].[2020-6-22].http://c.gb688.cn/bzgk/gb/showGb?type=online&hcno=3647833CDDAA6A6BAED65990D7FAE9C0.

[32] 全国服务标准化技术委员会.服务标准编写通则：GB/T 28222—2011[S/OL].[2020-6-22].http://c.gb688.cn/bzgk/gb/showGb?type=online&hcno=902F16F539D7CC5FCF0FB0103D745424.

[33] 中国标准化协会.企业标准化工作　指南：GB/T 35778—2017[S/OL].[2020-6-22].http://c.gb688.cn/bzgk/gb/showGb?type=online&hcno=BCD97A1A4C06AF7DA3AC4DEEC92B113A.

[34] 全国质量管理和质量保证标准化技术委员会.质量管理体系　基础和术语：GB/T 19000—2016[S].北京：中国标准出版社，2017.

[35] 全国质量管理和质量保证标准化技术委员会.质量管理体系　要求：GB/T 19001—2016[S].北京：中国标准出版社，2017.

[36] 全国质量管理和质量保证标准化技术委员会.追求组织的持续成功　质量管理方法：GB/T 19004—2011[S].北京：中国标准出版社，2012.

[37] 全国质量管理和质量保证标准化技术委员会.管理体系审核指南：GB/T 19011—2013[S].北京：中国标准出版社，2014.

[38] 全国认证认可标准化技术委员会.合格评定　词汇和通用原则：GB/T 27000—2006[S].北京：中国标准出版社，2014.

编委会